パクリの技法

藤本貴之 著

Ohmsha

発刊にあたって

改正著作権法が2019年1月に施行されました。

今回の改正は1971年に現在の著作権法が施行されてから48年ぶりとなる「大幅改正」ともいわれています。インターネットの登場に伴い、社会とコンテンツのあり方も急激に変化したのですから当然ですが、この48年の間に著作者の権利の意識も大きく変貌しています。また、48年前には想像もしなかったようなコンテンツが続々と生み出されています。

一方で、コンテンツの違法コピーや不正利用の方法、考え方も著しく多様化しました。曖昧な境界線が無数に生まれ、何がアウトで何がセーフなのか、専門家ですらよくわからなくなっているのが実情です。このような状況下で、急激に高まるネット上のコンテンツに対する権利意識と相反するように、ネット上に海賊版サイトが乱立し、漫画やテレビアニメなどが無数に違法コピーされ、流通しています。

さらに、教育・研究の分野では、いわゆるコピペによる不正レポートや、不適切な引用などがなされた学位論文の取り扱いに係る問題が、教育・研究のあり方そのものを揺るがすような事態にまでなっています。これらの問題の多くは近年、「パクリ」「パクる」という言葉で報道され、新しい社会問題の1つとなって世間を騒がせています。つまり、ネットを媒介としたさまざまな不正の中で、「パクリ」という言葉は最重要キーワードの1つになっているのではないでしょうか。

しかしながら、「パクリ、パクリ」といわれても、いったいそれが何を意味することなのか、社会全体としてははっきりと共有できていないのが実情です。なんとなくイメージはわかるけど、パクリとはいったい何なのか。

本書はそんな「パクリ」に対する疑問にお答えすることを目的としています。「パクリ」をめぐる現状から、歴史、論点を踏まえた上で、技法としての「パクリ」について身近な事例を題材としてわかりやすく解説しました。不正行為や予期せぬ違法行為に陥らないように、あらゆるケースを想定したパクリの技法をまとめています。

もちろん、違法コピーのしかたや不正レポートの作成方法をレクチャーするわけではありません。本書が目指していることはむしろその逆です。違法コピーや不正レポートは「こうやって必ずバレる」ということが本書を読めば理解できるようになるはずです。一方、世界の名作・名品の数々が、実はパクリの技法を効率的に利用することで成し遂げられているという事実も知ることができます。そして何より、正しい方法でパクる技術はあなたのクリエイティビティを高めるということを理解できるはずです。

本書は「パクリ」と「パクる」を網羅した「世界初のパクリの教科書」です。

２０１９年１月

藤本　貴之

目次

本書の取り扱い説明書　～「まえがき」にかえて

「パクリ」が事件になる時代

最近「パクリ」「パクる」という言葉をよく耳にします。

芸能人の出版した本の中にほかの本からの無断盗用があった、有名作家が参考文献を記載せずに文章の引用をしていた、新曲としてリリースされた音楽が海外の楽曲に酷似している、映画のストーリーや設定に他作品との過剰な類似がみられる……。そのようなパクリ騒動も後を絶ちません。

そんな「パクリ」「パクる」という言葉に、みなさんはどんな印象をもっていますか？「パクリ」という言葉が世間を賑わせるとき、常に盗作・盗用・剽窃《ひょうせつ》と同義語として使われますから、おそらくマイナスの言葉、悪い印象をもっているかもしれません。

しかし、「パクリ」とは法律用語でも犯罪用語でもありません。当然ですが、裁判で「本件、被告のパクリを認め、有罪とする！」などといわれることもありません。厳密には、明確な意味すら定まっていないきわめて感覚的な言葉です。

西部劇は全部「パクリ」？

1903年にエドウィン・S・ポーター監督によって制作された映画『大列車強盗』（エジソン社）は機関車を襲い逃走する強盗を、保安官たちが馬を駆り、拳銃で銃撃戦を繰り広げる、という典型的なカウボーイスタイルの、西部劇のフォーマットをつくり上げた「最初の西部劇」といわれています。もちろん、西部劇ないし西部劇的なシーンをもつ映像作品には欠かせないフォーマットを生み出した元祖になった作品としても有名です。

そう考えますと、現在の西部劇、カウボーイ映画のすべてが『大列車強盗』のパクリということになります。例えば、西部劇ではありませんがジョージ・ルーカスとスティーヴン・スピルバーグが制作した人気映画シリーズ『インディ・ジョーンズ』（ルーカスフィルム／1981年～）には必ずといってよいほど、『大列車強盗』のフォーマットを利用した西部劇風の活劇シーンが描かれています。

あらゆるクリエイティブにオリジナルがある

日本の任侠《にんきょう》映画（ヤクザ映画）なども同様で、同じようなフォーマットが定式化されたコンテンツは非常にたくさん存在します。むしろ、西部劇や任侠映画、時代劇、ＳＦ映画などをみればわかるように、フォーマットとして確立させることのできたコンテンツは、予定調和などといった無粋な評価を超越し、見る人を安心させるだけでなく、根強いファンをも生み出します。そして、それらには必ず「最初の１つ目」が存在しているのです。

しかし、そのようなフォーマットとして確立された、いいかえれば「１作目がパクられまくっているコンテンツ」の作品それぞれにオリジナル性がないのか？　作品としての価値が低いのか？　というと決してそうではありません。

むしろ、フォーマットをつくった『大列車強盗』を超える名作の西部劇、カウボーイ映画は無数に存在しています。西部劇のフォーマットを利用しつつも、高いオリジナリティと唯一無二の魅力と価値を生み出している作品は少なくありません。

「パクリ」は悪い意味の言葉なの？

「パクリ」が報道されたり、話題になったりするとき、それは必ずマイナスの意味で取り上げられています。しかし、私たちの創造的な生活や文化活動の中で、「パクリ」とされる活動が必ずしも悪いこととは限りません。

そして、それを誰もが暗黙のうちに理解しています。だからこそ、私たちは日常的に、軽い言葉として、「パクリ」という言葉を利用しています。悪意なく、批判する意図もなく「それ、パクリ？」と聞くこともありますし、「これ○○をパクったんだよね」と自ら影響を受けたこと、参考にしたことを、笑いながら口にするということも、クリエイティブの現場ではよく見る光景です。もちろん、そこで使われている「パクリ」とは、盗作とか剽窃、著作権侵害といった類のものでないことはいうまでもありません。

報道で目にする、事件化した場合に利用される「パクリ」という言葉がもつ悪いイメージがある一方で、クリエイティブの現場では決して悪いとは限らない利用もされています。日常用語やスラングも含めれば、むしろ「（憧れているので）真似てみました」「（素晴らしいので）参考にしました」「好きです（だから似せています）」という意味で利用されている場合も多いのではないでしょうか？

「パクリ」は「ヤバい」と同じくらいの多義語

筆者は、「パクリ」という言葉が多様な意味をもつ日常用語、スラングとして、すでに市民権を得ていると考えています。そして、報道で取り扱われる場合と日常生活で使われる場合での、言葉としての意味や機能の違いにも違和感を覚えてきました。

今日、「パクリ」という言葉は、「ヤバい」と同じようなものではないのか、と。「ヤバい」は、大変であること、問題であること、困ったことを意味していたはずですが、今日では「素晴らしすぎる＝ヤバい」「美味しすぎる＝ヤバい」などのように、褒めたり、高く評価することの最上級表現、いわば「超～」に匹敵する機能をもった言葉としても利用されています。一方で最下級表現、すなわち「最上級に悪い」を意味する言葉としても利用される極端な両義性をもった言葉になっています。

パクリも同様であるように思います。そもそも創造的活動、あらゆるクリエイティブな試みは「パクリ」と不可分です。よいものからの吸収＝パクリがなければ、よりよい発展はできないからです。ただし、正しく「パクリ」の意味や意義、あるいはその事例や類型を知り、取り扱いができなければ、いつ自分が「盗作という意味でのパクリ」の加害者になってしまってもおかしくはありません。

インターネット時代＝パクリ時代といっても過言ではありません。

「パクる」ことができる、また価値あるオリジナルをつくり上げるために先行事例からよいものを吸収する「パクリ能力」は、クリエイターにとっては不可欠な能力です。無能なクリエイターはパクることができません。また、仮にパクったとしても、単なる「盗作」であったり「剽窃」であったりしてしまうでしょう。

有能なクリエイターであれば、類似事例を調べ、考察し、先行事例からよいものを吸収し、問題点を洗い出し、そこから価値あるオリジナルを生み出すことができます。それは1676年にニュートンが博物学者ロバート・フックに宛てた手紙の中で記した、かの有名な「私がかなたを見渡せたのだとすれば、それは巨人の肩の上に乗っていたからだ（If I have seen further it is by standing on the sholders of Giants.）」という1文にも現れています。

「パクリ=盗作」ではない〜本書を読むための注意

本書では「パクリ」という言葉を「盗作」という意味に限定していません。「ニュートンの研究の中には、数々のパクリがある」と書いても、それは「ニュートンの研究は盗作だった！」ということを必ずしも意味していません。「ニュートンの研究はヤバい！」というのと同様で、「ニュートンの研究はヤバいぐらい素晴らしい」のか「ニュートンの研究はヤバいぐらいダメ」なのかを、その言葉だけでは理解できないのと同様です。その本意は文脈から理解する必要があるわけです。

本書には「パクリ」「パクる」という言葉が山ほど出てきます。しかし、それが何を意味しているのかは、その文脈から理解してください。それができないと、本書はあらゆるコンテンツにケチをつけるゴシップ本になってしまいます。もちろん、そんなことが本書の意図ではありません。

現代における「パクリ」「パクる」の正しい意味を理解してほしい。これこそが本書の意図です。そして、正しい知識と技術でパクリを把握し、何が良くて何が悪いのか？　何が問題で何が課題なのか？　どうすれば良くて、どうしたらよくないのか？　を問題提起するのが本書の趣旨です。

インターネット時代には避けては通れない、「あらゆるモノ・コトを検索する／検索される」というしくみと現実を正しく理解することは、これから始める新しい時代の権利、新しい時代のオリジナリティ、新しい時代のクリエイティビティを考えるための、大きなヒントになると考えています。

さて、みなさん。いまからパクリの授業を開始します。

本書を正しくパクって、「パクリの技術」をマスターし、有能なパクリ・エンジニアとして、このインターネット時代に価値あるオリジナルを生み出す能力を身につけてください。

1
章

パクリとは何か？

社会問題としてのパクリ

近年、さまざまな場面で「パクる」「パクった」「パクられた」という言葉を耳にします。もちろん、刑事ドラマなどでよく耳にする「犯人《ホシ》を逮捕する《パクる》」というような利用法のことではありません。新作の作品やコンテンツが、既存のモノに似ている、振る舞いや話がほかの何かに似ている……そんな場合に「それ、真似《パクリ》じゃない？」などと利用するときの「パクリ」です。映画や音楽、テレビ番組やアニメ・漫画などであれば、絵柄やストーリーで似ている箇所があったり、印象が似ているな、と感じられると「パクリ？」と疑いの目をかけられたり、作品のオリジナリティを疑われたりします。

「これはパクリだ！」とネットで騒がれた結果、そこから、本当に盗作や剽窃、違法な流用や不正、利用などが発覚し、大きな社会問題やスキャンダルへと発展するような事例もある一方、偶然の類似や局部的な類似などに対して、悪意や貶《おとし》める意図をもって一部分だけをフレームアップし、それを過剰に「盗作だ、剽窃だ、著作権侵害だ」と騒ぎ立てて誹謗中傷をするようなこともあります。「誤爆」や「誤解」で批判されるようなケースもあるでしょう。

そして、今日、パクリという言葉と現象が社会問題になったり、大きな事件になったりするケースが急増しています。それが実際に盗作や剽窃であるのかはさておき、類似を感じるモノ・コトに対して、まずは「パクリ」という言葉が使われ、オリジナリティを疑ったり、作品やコンテンツの評価が下げられたり、ときに製作者の人格否定にまで至ることとさえあります。

本当に盗作や剽窃であれば法的な処罰を受けることになりますが、法律の解釈や司法判断によっては、盗作や盗用が認められないような場合もあります。しかし、法的にはどうであれ、一度パクリ疑惑を受けた製作者に対する社会的制裁はきわめて厳しく、つくり手としての信用性が著しく低下することは間違いありません。

パクリは学びの基本

一方で、私たちは「パクリ」「パクる」を、違法な盗作や剽窃などを指す重い言葉としてだけではなくても利用しています。大学のゼミなどでも、学生や大学院生たちが新しいテーマで勉強をする際に「とりあえず、この論文を読んで、やり方をパクってみてよ」とか、「サンプルプログラムをいろいろとパクって、練習しておいて」といったような表現を耳にしたこともあるのではないでしょうか。

勉強・学習が模倣と観察から始まることはよく知られています。誰か／何かの模倣経験を通して新しいことを学び、誰か／何かを観察することで、直接経験をすることなく新しいことを学び取ってゆきます。先行事例を真似ること、すなわち「パクる」ことが学びのスタートであるといっても過言ではないでしょう。

高いレベルが求められる学術研究の分野でもその構造は同じです。

何か新しい挑戦を始めたり、新しい研究テーマに取り組んだりしようとする場合、まず最初にしなければならないことは、先行研究、類似研究を調べ、参考にしていく作業です。分野の違いやレベルの高低に関係なくこの作業は必須ですし、むしろレベルの高い研究ほど、先行研究や類似研究の調査は綿密に行われているはずです。

この工程で行われることは、まずは自分たちの取り組みがすでに終わっている、やり尽くされているものでないか？　ということをチェックすることです。自分では「新しい研究」と思っていることでも、いざ調べてみれば同じような内容ですでに結論が出されていたり、やるべき余地がないぐらいやり尽くされていたりすることがあります。そればかりではありません、もし不十分な調査からすでに同じようなテーマと結論が出されている研究をやってしまい、それを対外的に発表したとしましょう。場合によっては「研究をパクっている」「盗用している」と指摘されてしまうかもしれません。これではせっかくの研究や努力も水泡に帰すばかりか、研究者生命を脅かす要因にもなりかねません。

パクリのオリジナリティ？

先行研究や類似研究の調査の結果、新規性がある、あるいはまだ取り組むべき余地が残っていることが確認できれば、実際に研究を開始します。その際に、取り組みのとっかかりとして、まず、先行研究や類似研究を参考に、真似てみる（模倣）、先行研究でやられた工程を追試し、その結果を確認したり思いをめぐらしたりして考えてみる（観察）ことになります。いわば、自分オリジナルの成果を出すために、パクることで〝基礎体力〟をつけるというわけです。この基礎体力づくり、つまり基礎訓練が不十分だと、研究の完成度も高まりませんし、研究自体が途中で破綻する危険性も高まります。逆に、この基礎体力をしっかりとつくることができれば、研究はより豊かになり、あなたのオリジナリティを高める余地も拡大していきます。

つまり、オリジナティや新規性を生み出すことが求められる場面においてパクリは不可欠なのです。

そもそも人間には「自分が知らないことは想像できない」という絶対の認知メカニズムがあります。どんなに創造力／想像力に富んだ人であっても、絶対に不可能なことは「自分の知らないことを想像する」ということです。人間の創造力／想像力の限界は、自分が知っていること、すなわち「既知」のことに限られます。私たちが「未知の何か」を想像するとき、必ず「既知の何か」から類推し、関連づけなければなりません。例えば、「タコ」を知らない人は、それを想像するとき、それに似た既知の何か、例えば「イカ」を思い浮かべ、そこから類推し、未知の「タコ」を想像するしかありません。イカもナマコも知らない人にタコを想像させることは相当に困難なことです。「タコのような火星人」という想像力も、我々がタコやイカを知っているからこそ存在しているのです。いいかえれば、想像力豊かな人、クリエイティブな人とは、情報量、知識量の多い人であり、それら既知のデータベースを効果的に組み合わせたり、そこから類推したりする能力、極端にいえば、「パクリ」に長けた人ともいえるでしょう。

生活用語《スラング》としての「パクリ」

パクリという言葉は、「似ている」「真似る」ことを表現する場合に、広い意味をもって日常的に利用される手軽な生活用語《スラング》でもあります。日々の生活の中で「ちょっと海外のデザインをパクってみました！」などと、「パクる」を軽い気持ちで口にする人もいます。しかし、著名作家による盗作事件や、大学教授による論文剽窃事件などが「パクリ」として報じられるような場合は、「パクリ」にこのうえなく悪い印象をもってしまいます。日常生活の中で利用される「パクリ」と、そうではない場面で利用される「パクリ」には、その印象に大きな隔たりがあるわけです。

「パクリ」「パクる」が利用される日常生活の場面を観察してみてください。

盗作や剽窃を意味する「悪い言葉」「犯罪用語」としてばかりで利用されているでしょうか？　多くの場合で、尊敬する先行者からの影響や、インスパイアされた意味での参考、憧れや理想からくるオマージュなどを含め、似せること、似ること、真似ること全般を表現する言葉として「パクリ」を利用しているはずです。もちろん、照れ隠しや冗談や自虐など、面白おかしく利用するようなことも多いでしょう。少なくとも犯罪用語としては使っていません。

例えば、友人たちと歓談しているときに、面白い話をしたとします。そのとき、それに似たエピソードを知っている相手が「その話、○○をパクってない？」などと笑い話に展開することはよくあります。このとき、「パクリ」「パクる」とは、「他人の話を我がことのように話す」とか「〜を参考にしてみました」という程度の意味でしかありません。意図的に有名なモノ・コトをパクることで、（いささか自虐的に）笑いを誘うスキルにもなります。いうまでもなく、こういった場合に、それを「盗作だ！」と騒ぎ立てる人もいないでしょう。

「パクリ」とは盗作や剽窃だけを意味する言葉ではありません。日常的に利用される生活用語《スラング》であり、それが類似や近似や摸倣といった領域で、良くも悪くも、硬くも柔らかくも、多様に利用される言葉。それが「パクリ」なのです。また、そのような生活用語《スラング》としての「パクリ」「パクる」が私たちの生活の中に浸透することで、「似ている＝盗作」といった短絡的な発想ではなく、新しい時代の表現手法としての「パクリ＝技法」という考えも根づいてゆきます。それが、インターネット時代に即した表現をつくり出していくはずです。そう考えれば、少しでも似ているものを発見したら、悪意をもって「パクリだ！」と騒ぎ立てるネット民、SNS民たちの生態をみると「パクリの何が悪いのですか？」といいたくなりますし、「何もパクらずにできているコンテンツって何ですか？」「あなたはこれまで何もパクったことがないのですか？」と聞きたくなります。

筆者が本書で目指していることは、パクリは悪い言葉でも犯罪用語でもなく、「マジ」や「ヤバい」と同じ、多様性をもった多義語なのだと理解してもらうことです。

では、なぜ「パクリ」が大きく問題になったり、事件になったりするのでしょうか？

その答えは簡単です。

未熟な理解でパクリを解釈し、間違った方法でパクリ、不誠実な姿勢でパクリに対応してしまうからにほかなりません。このようなとき、軽い気持ちで利用したパクリが、犯罪性を帯びた盗作や剽窃などの問題へと発展していくのです。

小保方論文事件、東京五輪《オリンピック》エンブレム事件

近年「パクリ」がキーワードになった大きな社会問題や事件が急増していることは誰もが知るところでしょう。

「小保方晴子博士論文コピペ事件」は、当時・理化学研究所研究員を務めていた小保方晴子氏が「ネイチャー」誌に発表したノーベル賞級ともいわれる論文の中に、不正な改ざんの跡がみられると告発されたことに端を発します。改ざん疑惑を皮切りに、ネット民たちによる小保方氏への「検証」が始まります。その結果、小保方氏が早稲田大学から授与された博士論文にほかの論文やWEBサイトからの不正なコピーアンドペースト（いわゆるコピペ）が大量に混入しているという疑惑が、提示匿名の暴露サイトやSNSなどでさまざまな証拠を示しながら指摘されたのです。「理系女子《リケジョ》の星」とまでいわれ、マスコミの寵児《ちょうじ》となっていた小保方氏は、「ネイチャー」誌に掲載された論文の取り下げだけでなく、理化学研究所研究員も辞職。最後は早稲田大学から授与された博士号が取り消されるという事態にまで至ります。

この騒動は、単に研究不正というアカデミックスキャンダルだけにとどまらず、他コンテン

パクリ疑惑のデザイン
〔日刊スポーツ、2015年7月24日より引用〕

ベルギーの劇場のロゴ
〔http://theatredeliege.be/より引用〕

ツからのコピペや無許可利用といったきわめて古典的なパクリが、最先端の研究の現場にも深く浸透していたという事実を明らかにしたことでも海外からも大きな注目を集めました。しかも、そこで展開されていた不正やコピペは、その研究目標の高さからみれば、あまりに杜撰《ずさん》な、あまりに未熟な認識で行われたことはいうまでもありません。

　また、デザイン分野でのパクリ事件といえば、２０１５年に発生した「東京オリンピック２０２０」の公式エンブレムの盗作問題は記憶に新しいでしょう。２０２０年に開催が決定した東京オリンピックの公式エンブレムに選定された佐野研二郎氏によるデザインが、海外のエンブレムデザインに酷似していることが指摘され、そのオリジナルを主張するベルギーのデザイナーも巻き込んだ国際的なスキャンダルとなった事件です。

　東京オリンピックの公式エンブレムで盗作疑惑!?という話題性もあり、これをきっかけにしてエンブレムのデザインを担当したデザイナー・佐野研二郎氏の過去のデザイン、過去の仕事にまで粗探しが始まります。その結果、佐野氏は、パクリ疑惑をかけられた五輪エンブレム以外の仕事においても、インターネット上からの無許可の利用や参考・剽窃・盗作といった事実が数多く発見されてしまいます。佐野氏が現在の日本を代表する若手グラフィックデザイナーとして高い知名度を誇っていたことも、ネット民たちの戦闘意欲をかき立てたはずです。ネット上では数多くのまとめサイト、検証サイトなどがつくられ、佐野氏のクリエイティビティや評価を下げる要素があれば、それは何でも「事実」として独り歩きをし、佐野氏を批判し、貶《おとし》めるための素材となってしまいました。

なぜパクリ問題は起きるのか

これらの事件から気づくことは、盗作・剽窃疑惑をかけられた当事者たちが試みていた仕事の大きさ、目的の高さに対して、そこで利用されたパクリの技術があまりにも未熟であり、また、疑惑をかけられた際の対応があまりに杜撰で稚拙であった、という共通点ではないでしょうか。

もちろん、小保方氏も佐野氏も、自身の過失が公の場で検証され、確認されていますので、擁護することはできませんし、批判されてしかるべきかもしれません。しかし、その一方で、

＊なぜ社会的立場のある人たちが、盗作や剽窃、コピペといった幼稚な不正に手を染めて

しまうのか？

＊また、仮に既存のものを流用や参考にするにしても、なぜそれが大きな問題となってしまうのか？

このような疑問をもつ人は多いのではないでしょうか。問題にならないような形で流用したり、引用したりすることはできたはずです。

そこには「なぜパクリ問題は起きるのか？」という「問題」があります。問題になるとは限らない類のパクリが、どうして問題になってしまうのでしょうか？

結論から書いてしまえば、「パクる」ことでよりよいコンテンツを効率的につくりながらも、問題化させない方法は技術《テクニック》として存在します。むしろ、素晴らしいコンテンツ、素晴らしいつくり手には、数多くのパクリの痕跡が確認できます。

軽い気持ちで、第三者の画像（例えばテレビ番組のスクリーンショット）などをツイッターで勝手に利用（掲載）してしまうことも、論文でルールを踏まえずに画像類を流用（掲載）してしまうことも、法的な違法性という意味ではイコールです。しかし、前者がある程度黙認される一方で、後者が厳しく追及され、社会問題化してしまいます。それはなぜなのでしょうか？　もちろん、それには理由があるのです。

パクリって何？　何が問題なの？　どうすると問題になるの？　どうすれば問題にならないの？　本書を読み進めるにあたり、パクリに対して「盗作」のような漠然としたイメージしかもっていない人や、イマイチ善悪の境界線がわからずに疑問をもっているみなさんは、ぜひ、パクリという言葉がもつ多様性を頭に入れておいてください。

「パクリ」の定義

それではまず、「パクリ」あるいは「パクる」という言葉の定義について考えてみたいと思います。

「パクリ」「パクる」が何を意味し、またどのような状態や行為を指すのか？　これについては必ずしも厳密な定義が定められているわけではありません。もちろん、辞書や用語辞典には項目として記載されていますが日常的に利用している「パクリ」「パクる」の意味やニュアンスを正確に伝え切れているとはいえません。

明確な定義があるとはいえず、必ずしも明確ではないが、なんとなくイメージとしては共有できる言葉。この、いささかふわっとした理解が「パクリ」「パクる」という言葉と表現がおかれた現状です。それを私たちは状況や場面に応じて、無意識的にそしてフレキシブルに利用しているわけです。しかし、ふわっとした多義語であるにもかかわらず、それを理解するために共有しているイメージは明快です。強いていえば、パクリとは、ふわっとしているにもかかわらず明快な意味をもつ、矛盾した言葉であるといえるかもしれません。

しかしながら、それがどのような利用方法であっても、揺るがない1つの共通した意味があります。それは、

「既存の表現物に類似を感じるモノ・コト」

ということです。既存のモノ・コトに「似ているな」と感じるモノ・コトは、原則としてすべてパクリというひと言で表現することが可能です。

マジ、ヤバいと、パクリ

「パクリ（名詞）」「パクる（動詞）」は使いやすいリズミカルな（あるいはかわいらしい）語感の言葉ですから、さまざまな場面で気軽に利用されています。仮に誤用があったとしても、それが咎《とが》められたり、指摘されたりするようなことはありません。なぜなら、「パクリ」「パクる」が明確な定義をもたず、その場の空気や、やり取りの中で、その意味を解釈しながら理解をしていく、という言葉であるためでしょう。パクリに限らずそのような生活用語《スラング》は多々あります。

私たちがもっともよく利用するそのような生活用語《スラング》といえば「マジ」や「ヤバい」でしょう。これを事例に考えてみます。難しいと評判の授業の試験を前にした大学生のよくある会話を想定してみました。

太郎くん「今度のテスト、マジでヤバいらしいよ」
健太くん「えっ、マジで?」
太郎くん「先輩がマジで難しいっていっていた」
健太くん「それマジでヤバいね」
太郎くん「でも、先輩が過去問をもっているから、その答案覚えたら満点らしいよ」
健太くん「マジ?」
太郎くん「マジ、マジ。先輩、全然勉強してないけどAだったらしいよ」
健太くん「それ、ヤバいね」

文章にすると、マジ、ヤバいが多用され過ぎているようにみえますが、大学生など、若い人の間ではごく普通にみられる光景です。

この会話の例をみればわかるように、「マジ」と「ヤバい」は私たちが日常生活で頻繁に利用する、状況によって意味が変容する生活用語《スラング》の代表的な事例です。良い意味と悪い意味が並列に混雑し、それを状況によって使い分け、聞く側も状況によって意味やニュアンスを判断します。そもそも、用法が指定されているわけでも、定義が明確であるわけでもないので、当然です。

そして、「パクリ」「パクる」も同様です。最低限の基準（既存の表現物に類似を感じるモノ・コト）さえ満たしていれば、「パクリ」も「パクる」も特に用法や利用場面は問われません。「パクリ」「パクる」が利用される事例もみてみましょう。

太郎くん「今回のプログラミングの課題、できた？」
健太くん「サンプルプログラムを**パクったら**、一応動いた」
太郎くん「どこから**パクった？**」
健太くん「先生が配った資料にサンプル出ているから、それを**パクれば**できるよ」
太郎くん「お前の**パクらせて？**」
健太くん「俺のパクってバレたらマズいから、お前もサンプルのほうを**パクれよ**」

これも大学生にはよくありがちな会話ではないでしょうか？
「パクリ」が、「マジ」や「ヤバい」と同様に、状況によって使い分けが求められる多義語であることがわかります。

パクリの語源

「パクリ」「パクる」の語源は定かではありません。根拠不明な都市伝説やデマを含め、識者によりその語源の説はさまざまに存在しています。まずその意味からみれば、広辞苑に次のように記載され、説明されています。

広辞苑（第七版）「ぱくり」 ①大口をあいて食いつくさま。「——と一口に食べる」 ②タバコを吸うさま。浮世風呂前「たばこを——のんで」 ③割れ目や傷口などが大きくひろがるさま。ぱっくり。「——とあいた傷口」 ④店先の品物などをすばやく盗みとること。かっぱらい。まんびき。→ぱくる。

上記に関連し、「ぱくり屋（ぱくり - や）」という類語が記されており、こちらは以下のように記されています。

広辞苑（第七版）「ぱくり - や【ぱくり屋】」 ・融資を口実にして手形を詐取する者。詐欺犯罪。

動詞表現である「パクる」に関しては、次のような説明があります。

広辞苑（第七版）「ぱく・る」
①大口を開けて食べる。ぱくつく。
②店先の商品などをかすめとる。また、金品をだましとる。
③逮捕する。
④盗用する。

ここで共通していることは、口を動かして「パクパクと食べる」といったさまからとられたということです。つまり、「パクる」という動詞は、「パクパクと食べる」ように食事をし、「パクパクと食べる」ように犯人を捕まえ、「パクパクと食べる」ように物を盗み取るいわば、ビデオゲーム「パックマン」のように、パクパクと食べ込み、飲み込んでいるさまを表現しているわけです。そこから、いわゆる「騙し取る」「盗む」「万引き」といった、盗み行為自体を表す言葉としての意味と機能をもつようになったことは想像に難《かた》くありません。歴史的にみれば、大正時代にはすでに「パクリ」「パクる」という用法が使われていますから、それなりに歴史をもった言葉であることもわかります。なお、「ぱくる」の意味として広辞苑に「④盗用する」が加わるのは2018年に発行された第七版からです。2008年出版の第六版には

「③逮捕する」までしか紹介されていません。

パクリのレベルと分類

「既存の表現物に類似を感じるモノ・コト」という共通点だけを頼りに、状況や場面によって犯罪用語からジョークに至るまでさまざまに使い分けられる「パクリ」「パクる」という言葉。本書では、パクリに含まれる／意味するさまざまな用語、いわば「パクリという言葉がもつさまざまな意味」について改めて分類し、説明したいと思います。

パクリには、原則として、法的問題が中心となる「パクリ」と、道義的問題が中心となる「パクリ」があり、その濃度によって、4段階のレベルにカテゴリすることができます。

ここで述べる法的問題とは、著作権あるいは知的財産権という観点から明らかに違法な事例です。例えば、違法コピーや海賊版サイトなどです。

また、道義的問題とは、必ずしも明確に違法性が追及されるわけではありませんが、ルールや手続きが必要であるもの、あるいは、ルールや手続き（業界の慣習を含め）を怠った場合は、法的問題へと発展する危険性をもつようなケースです。これは、やり方を間違えず、しかるべき作法やルールの範囲内であれば、ある程度のパクリが権利者によって黙認、あるいは容認されているものの、一度ルールなどを逸脱してしまえば、簡単に法的問題へと移行していく危険性も内包するため、注意が必要です。

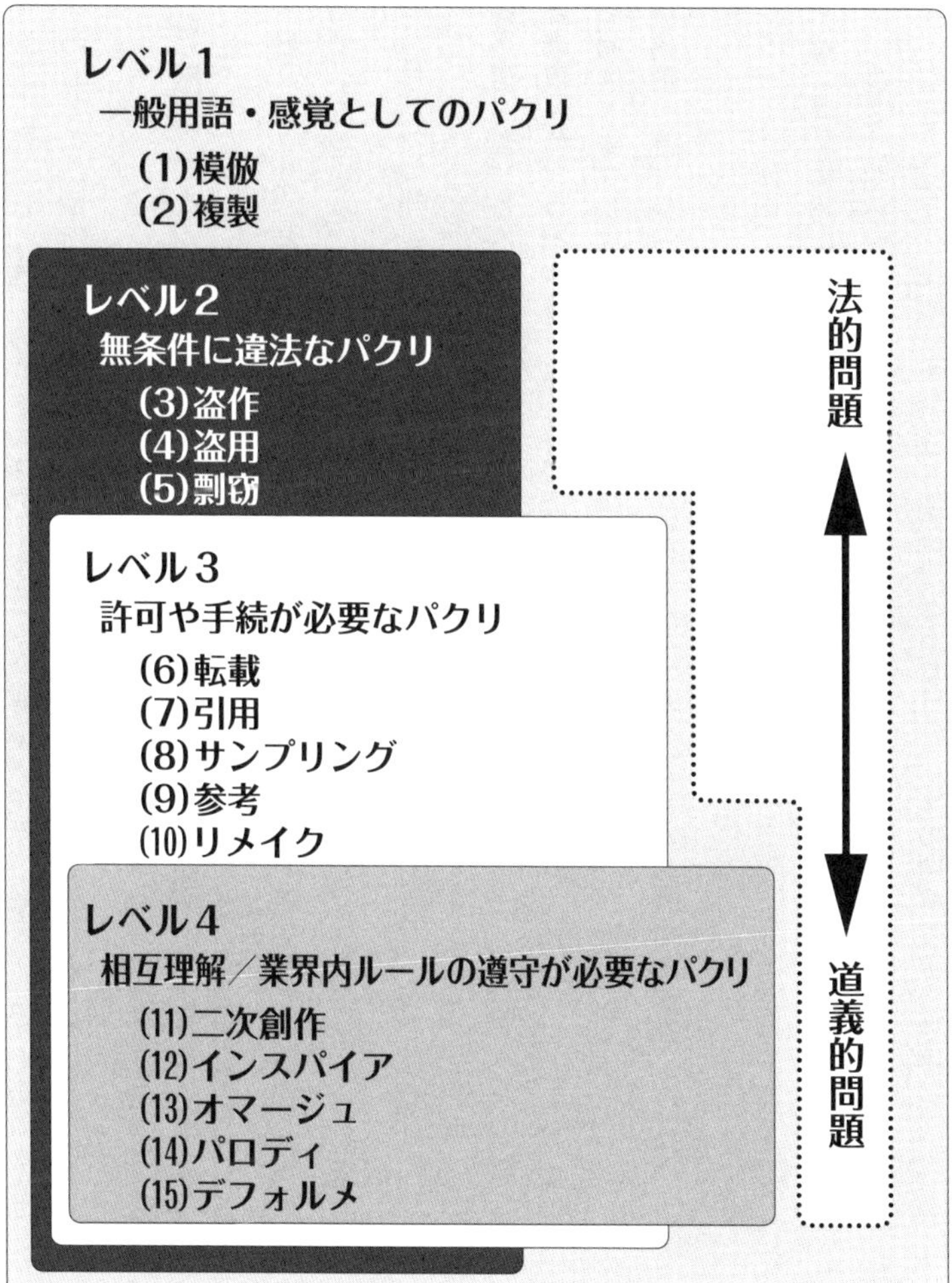
レベル1
一般用語・感覚としてのパクリ
(1)模倣
(2)複製
レベル2
無条件に違法なパクリ
(3)盗作
(4)盗用
(5)剽窃
レベル3
許可や手続が必要なパクリ
(6)転載
(7)引用
(8)サンプリング
(9)参考
(10)リメイク
レベル4
相互理解／業界内ルールの遵守が必要なパクリ
(11)二次創作
(12)インスパイア
(13)オマージュ
(14)パロディ
(15)デフォルメ
法的問題
道義的問題

道義的問題とは、権利者やその業界の善意や理解によって、結果が大きく変動することもあるきわめてあいまいな問題であるともいえます。

4段階の「パクリ」

今日「パクリ」として一元的に表現されているものの、本来はそれぞれ微妙に異なる意味をもっている用語を、使われる際の「わかりやすさ、使いやすさ（利用する際の難易度）」にもとづいて4つのレベルにまとめました。

【難易度・無】レベル1：一般用語・感覚としてのパクリ
【難易度・低】レベル2：無条件に違法なパクリ
【難易度・中】レベル3：許可や手続きが必要なパクリ
【難易度・高】レベル4：相互理解／業界内ルールの遵守が必要なパクリ

「レベル1」は良し悪しはさておき、「似ている」という一般的な感覚のもとでも用いられます。特に理解に難はありません。

レベル2は明らかな違法性が感じられる場合に用いられます。違法コピーのソフトや海賊版サイトなどが該当します。違法性が明確であるだけに、その理解も容易です。

レベル3は正当な許可や手続きを経ていれば合法ですが、意図的であれ不注意であれ、手続きに不備があった場合は、違法になるケースです。その判断には慣れが必要です。

最後にレベル4は用法と意味の理解がもっとも難しいかもしれません。なぜなら「このくらいなら許される」「過去に敗訴した事例はない」「慣例的に許諾されている」「暗黙の了解」などといった認識で、仮にそれが違法であったとしても、公然とパクリが横行しているケースだからです。もちろん、法的には明確な結論が出ている場合も少なくありませんが、文化や表現手法として定着していて、違法あるいは違法性があったとしても権利者が強く主張できないこともあります。

例えば、同人誌における二次創作は、明らかな著作権侵害に該当するものばかりですが、同人活動は日本の漫画・アニメ文化の下支えとなっているという認識が権利者の側にもあります。さらには、オリジナル作品が同人活動の二次創作によって知名度を上げたり、商業的成功をしたりしている場合も少なくないため、権利侵害によって権利者が経済的利益を得ているという逆転現象を生み出しているケースもめずらしくありません。

レベル1◉一般用語・感覚としてのパクリ〔模倣、複製〕

【模倣】

「模倣」とは、自分自身で考え出したり、独力で生み出すことなく、既存のモノ・コトに酷似させたり、参考以上の類似をつくり出すことを意味します。模倣それ自体に善悪はありません。少なくとも、「悪い」を意味しているわけではありません。例えば、絵画などの練習はまずは「模倣」から入ります。印象派を代表する画家、フィンセント・ファン・ゴッホ（1853－1890）が、日本の浮世絵に傾倒し、大きな影響を受けたことはよく知られており、その模写作品も残されています。その影響は、模写すなわち「模倣」によってゴッホの中に取り入れられ、今日、印象派の作風として大きな影響を及ぼしています。

学問などの分野でも同様です。模倣を通して学ぶこと、模倣を通して研究を深めていくことは非常に重要ですし、模倣なくしてよりよい研究をすることはできません。

確かに「模倣」は誰もがやっていることで、悪いことではない……とはいうものの、そこには一定のルールが存在し、それを守らないのは、道義的にも法的にも許されることはありません。しかし、私的な目的であれば、模倣は罰せられるどころか、教育や研究の現場ではむしろ積極的に推奨されるべきことです。絵を学ぶために、美術館で作品の模写をしている美術学生をみることがありますが、これなどは合法的な模倣の典型です。

ほかにも、オリジナルの側によって模倣が許諾されているような場合も合法的な場合にあてはまります。特に、模倣されることで、利益などのメリットが発生する場合は許諾される、あるいは黙認されることは多いはずです。芸能人のモノマネなどはこれに該当します。真似される側もよほど酷いデフォルメや、バカにしたり茶化したりするようなモノマネ、イメージダウンにつながるような表現でない限りは、それを許容することがめずらしくはありません。も

左：ゴッホの模写『ジャポネズリー：梅の開花』（1887年）
〔オランダ国立ファン・ゴッホ美術館 所蔵〕
右：歌川広重のオリジナル『名所江戸百景　亀戸梅屋敷』（1857年）

左：ゴッホの模写『ジャポネズリー：雨の橋』（1887年）
〔オランダ国立ファン・ゴッホ美術館 所蔵〕
右：安藤広重のオリジナル『歌川広重・名所江戸百景　大はしあたけの夕立』（1857年）

ちろん、模倣される側（オリジナル）を利するとしても、許可のない模倣が無条件に許容されたり、法的にも道義的にも許されたりするわけではありません。

また、「模倣」の対義語が「創造（creation/creative）」であることから、創造性がないという意味にもなっている点はポイントかもしれません。パクリのもっとも一般的な利用方法の1つである「模倣」に「創造性がない」のであれば、パクリを批判的にとらえてしまうことも理解できます。創造的な活動をする人が「創造者＝creator」であるとすれば、「模倣を行う人はクリエイターではない」という批判ができるかもしれません。

【複製《コピー》】

文字どおり、既存のモノ・コトをそのまま複製《コピー》することです。これも模倣と同様に、私的な利用の場合とそうではない場合とで、大きく扱いも認識も異なります。

ただし、模倣との最大の違いは、模倣が既存のモノ・コトを書き写したり、真似たりするということ、つまり、模倣者が自分の手で模倣物をつくり出しているのに対して、複製《コピー》はあくまでも既存物を、自らの手ではなく、機械的な手法によって生産している点です。例えば、ゴッホが歌川広重の浮世絵を模倣した作品が「作品」として残っている理由は、それが模倣とはいえ、ゴッホの手によってつくられた「作品」であるからです。模倣には、模倣者の権利も発生しているわけです。それに対して、コピー機で複写したような場合はそうはなりません。

もちろん、制約はあるものの私的な利用に限れば、複製も認められています。しかし、私的

ディスプレイを撮影すれば合法？

スクリーンショットは非合法

〔以上２点イラスト作成：アマセケイ〕

利用の範囲を越えているような場合には、単なる「違法コピー」となってしまいます。

一方で、「複製が許される方法」といった都市伝説も少なからず存在しています。例えば、テレビや映画の映像のスクリーンショットは違法コピーであるが、ディスプレイなどに写している画面をさらに写真で撮影した場合は合法である、といったものは有名です。しかしながら、どのような方法であれ、既存コンテンツの複製は、違法コピーであることに変わりはありません。それでも写真で撮影することで、写真の権利は写真を撮ったカメラマンのものであり、そこに写り込んでいる映像も写真作品の一部である、という違法コピー者にとって非常に都合のよい解釈にもとづいた都市伝説がまことしやかに流布されています。

ほかにも不思議な都市伝説は存在します。

ＹｏｕＴｕｂｅなどの動画共有サイトで違法にアップロードされているテレビ番組で「番組の終了後に、同じ映像が途中から（あるいは中途半端な状態で）続いている」という奇妙な編集を見たことがあるかもしれません。番組映像が終了しているのに、なぜか終了後に同じ映像が続けられているのですから違和感を覚えます。しかし、これは編集ミスでもＹｏｕＴｕｂｅのシステムエラーでもありません。テレビ番組を違法動画としてアップロードしている人が意図的にやっているのです。その理由は、動画をそのままアップロードすると違法でも、「一度編集の手を加えれば必ずしも非合法ではない」という〝都市伝説〟にもとづいています。またこれにはもう１つ付加的な都市伝説もあります。違法な映像を探知しているＹｏｕＴｕｂｅのシステムに対して「同じ場面が繰り返されている＝テレビ番組ではない」と思わせ、摘発を逃れる効果がある、という根拠なき俗説です。

ほかに、ＹｏｕＴｕｂｅの映像再生画面に対してやたら大きなフレームが設けられ、番組自体の映像は画面中の2分の1程度のサムネイル状態で流されている、というテレビ番組動画を目にしたことがある人もいるかもしれません。これも意図的に加工を施すことで、ＹｏｕＴｕｂｅの探知システムを欺くことができるという都市伝説の1つです。「フレームがつくられ、その画面の一部が動いているだけ＝テレビ番組ではない」というわけです。

もちろん、こんな理屈が通用するはずはないのですが、それでも「このような加工を施せば、複製にはならず、法的にもシステム的にも責任を回避できる」という根拠なき俗説がまだまだ残っているのには驚かされます。

「グレーゾーンなので、多分セーフ」といったあいまいな設定をすることで、一見、合法のように思わせるさまざまな手法による違法コピーが蔓延しています。

レベル2◉無条件に違法なパクリ〔盗作、盗用、剽窃〕

【盗作】

既存のモノ・コトから全部または一部について、許諾を受けたり、法的手続きを経ることなく造形や内容を流用したり、模倣に近いレベルで過度に真似たりすることです。わかりづらい一部だけを変更して「盗作ではない」と主張しても多くの場合で「概ね似ている」と世間から思われてしまえば、「盗作」として認定されます。

ただし、これには非常に難しい点もあります。司法判断として「盗作」が認定されれば無条件に違法になりますが、法律という見地からすると意外に「盗作には該当しない」と判断されることも多いということです。そういった場合は、少なくとも法的には違法でも盗作でもなくなり、いうなれば「脱法」となります。

しかし、仮に法的に「盗作ではない」と判断が下された、つまり「脱法」できたとしても、一般的な視点や感覚から「似ている……」という印象が拭えなければ、少なくとも社会的信用やオリジナリティは大きく失墜するということを忘れてはいけません。

【盗用】

他人のオリジナルから一部を許可なく、あるいは出典等を明記することなく流用・借用し、あたかも自分のアイデアや創造であるかのように公表することが「盗用」です。例えば、既存の文章やWEBサイトからの「コピペ」などは、「盗用」の代表的なパターンです。「盗作」との最大の違いは、「盗作」が他人の作品と同一、あるいはほぼ同じものをつくり、それらを許可なく自分のものとして公表してしまうことであるのに対し、「盗用」は一部分を、許可を得たり正式な手続きを経たりすることなく、自分の作品やコンテンツの中で、自分のオリジナルであるかのような位置づけで組み込んでしまうことです。

【剽窃】

盗用と同義ですが、「剽窃」は主に文章などの場合に用いられる言葉です。

レベル3 ◉ 許可や手続きが必要なパクリ

〔転載、引用、サンプリング、参考、リメイク〕

【転載】

既存のモノ・コトから全部あるいは一部を抜き出し、自分のコンテンツ内に記載することが「転載」です。その位置づけやルールは、媒体や分野によって微妙に異なりますが、出典を明記し、転載であることを明らかにすることが最低限の共通したルールとなります。もちろん、ルールを大きく逸脱した転載や、正規の手続きを経ていない転載は盗作であり、剽窃となります。いわば、ルールを無視した無許可な「転載」が「盗作」であり、「盗用」であり、「剽窃」ということになります。

近年、インターネット記事などで、その記事が発表されたもともとのメディアとは異なるサイト（ブログやSNSを含む）でオリジナルのリンク先を貼られることもなく転載されている事例が散見されます。これらはもちろん無許可転載であり、違法です。

しかしながら、ネット時代の今日、ネットにおけるコンテンツの転載は、かなりの水準で黙認されるケースが増えています。黙認される背景にあるのは、インターネット記事やネットコンテンツの目的が、原則としてネット上で拡散されることで影響力を高め、接触率を高め、読者を増やす、ブランディングであるからでしょう。

一方で、悪意ある手法で一部が切り抜かれて転載されることで、マイナスのイメージが拡散されるような場合もありますが、これは権利者の意図と合致しているとはいえず、黙殺されることはありません。

また、転載コンテンツばかりで構成されたサイトに多くの広告類が掲載され、それが結果として違法な転載者に大きな収益をもたらし、本来の権利者にはなんら受益がないという現象も生み出しています。例えば、２０１８年に大きな社会問題となって閉鎖となった漫画の違法海賊版サイト「漫画村」は、無料サイトであったにもかかわらず、サイトに貼りつけた広告だけで、月間売り上げが６０００万円以上もあったといわれ、逆に無断転載されていた出版社には全体で60億円とも70億円とも推定される大きな損害が生じています。また、漫画を書くことで収入を得ている漫画家たちからすれば、最大の収入源である単行本も売れなくなってしまいますから、作品を執筆する意欲も失わせてしまいます。日本の漫画文化を低迷させる原因にもなりかねません。

【引用】

既存のコンテンツから必要箇所を抜き出し、自分のコンテンツ内に記載するという意味では「転載」とも似ています。しかし、転載のように、明確にそのままを複製掲載するのと異なり、一部を抜き出し、それを自身のコンテンツ内に「引用箇所」とわかるようにしたうえで、埋め込むことに違いがあります。

引用では、その箇所が「引用」であることが明確にわかるように示す必要があり、原則として出典元の明記は必須です。転載と異なり、一部・1文を抜き出してオリジナルの中に埋め込むという手法であるため、定められているルールや倫理・道義の遵守が強く求められています。

一般的な注意事項を以下に示します。

① 出典を明記する
② 引用部分が主ではなく従である
③ オリジナル部分の理解を助けるために必要な、資料としての引用である
④ 引用部分が必要最低限に留められている（1行、1パラグラフ以内、など常識の範囲内）

ルールを大きく逸脱した引用や、正規の手続きを経ていない引用は盗作であり、剽窃になってしまいます。特に、引用箇所が少ない場合などで、「バレないだろう」という甘い考えから、大きな問題へと発展する事例は少なくありません。

2018年、第159回芥川賞候補となった北条裕子の小説『美しい顔』（講談社『群像』6月号）では、金菱清『3・11同国の記録』（新曜社）、石井光太『遺体　震災、津波の果てに』（新潮社）など複数の作品と類似した箇所が多数発見されたことで問題になりました。著者・北条裕子および講談社側は「参考文献未掲載」という手続き的不備とも取れる釈明をしています。

ときに、「たまたま似ていた」「事実無根」といったような対決姿勢で全面否定をする対応もありますが、その場合は、社会的な批判を受けたり、さらなる粗探しをされたりといった新たな問題へと発展することもあります。

【サンプリング】

「サンプリング」は基本的には「引用」と同義で、音楽や映像などの分野で用いられる用語です。既存の楽曲の一部を切り抜きし、それを自分のコンテンツ内で再利用したり、加工用の素材としたりする、あるいは、第三者からのサンプリング素材だけを利用して再構成するマッシュアップや、リミックスといった手法もあります。

コンピュータ時代の音楽制作にはなくてはならないテクニックであり、音楽の表現手法として定着している今日でも、「○小節以内であれば無断でサンプリングしても合法」であるとか「○秒以内であれば、自由にサンプリングしてもよい」といった俗説、〝都市伝説〟が蔓延しており、違法なサンプリングや著作権侵害が問題化しています。１小節であれ、１秒であれ、許可のないサンプリングとその利用は違法であり、判例上も「短いから違法性はない」という主張が許された事例はありません。

【参考】

コンテンツを作成するうえで、既存のモノ・コトを「参考」にすることはクリエイティブな活動の基本であり、決して悪いことではありません。しかし、それが明らかに引用や転載の様相を呈する場合、あるいは根幹となるアイデアや発想の部分のオリジナリティが、明らかに参考のレベルを超えている場合などは、無許可であれば単なる盗作となってしまいます。

また、参考資料、参考文献などの利用方法、扱い方には、「引用」などと同様に、参考元を明記するなど、厳格なルールの遵守が求められます。しかし、「参考」の場合は、類似しているにもかかわらず参考資料などに明記せず、「参考にしていない」「たまたま似てしまった」「その資料（似ている先行事例）のことは知らない」といった釈明をすることで、無断引用や盗用の疑惑から言い逃れるテクニックが使われることもあります。

【リメイク】

文字どおり、すでに存在しているコンテンツを「つくり直す」ことです。オリジナルの発表から後年になって異なる解釈をしたり、別の媒体に載せたり、新しい技術を用いたりして、つくり直します。さらには、過去の作品を新たなつくり手が「自分版」をつくる目的などでつくり直すような場合もあります。リメイクには、過去作品や原作に忠実な場合もあれば、時代や設定を変えるなど、大幅な変更をするような場合もあります。

いずれの場合であっても、リメイクはオリジナルの著作権者からの許諾や理解があってはじめて成立します。さらには、リメイクされたコンテンツがオリジナルのイメージを損なったり、表現が原作者の意図とは異なってしまったりした場合や、クオリティが権利者や先行者のもつ基準を下回ってしまう場合などは、許諾や理解が得られていても、後から「リメイク認定の取り消し」のような事態になることも、まれにあります。

レベル4 ◉ 相互理解・業界内ルールの遵守が必要なパクリ

〔二次創作、インスパイア、オマージュ、パロディ、デフォルメ〕

【二次創作】

オリジナルの既存コンテンツを流用して、オリジナルの作者とは異なる作者によって続編やサイドストーリーなどがつくられるのが「二次創作」です。

『ドラえもん 最終話』（田嶋・T・安恵／2005年）
〔http://geocities.jp/doctor_nobita/より引用〕

「二次創作」は、

① オリジナルの製作者・権利者からの許諾を受けて行われる場合
② 無許可で非合法に行われる場合
③ 無許可で非合法だが、同人活動などの分野で、権利者から一定の範囲内で大目に見られている場合

の3つのケースがあります。特に③に関しては、日本の漫画・アニメなどの分野では、二次創作を基本とする同人誌活動が漫画・アニメ文化の盛り上げに大きな役割を果たしているという背景を考慮して、出版社や作者などの権利者が、オリジナルの尊厳や権利を著しく損なうような場合を除き、非商業的な同人活動における二次創作に関しては、「大目に見て差止請求や損害賠償請求をしない」という形式が成立しています。

一方で、成人向けのアダルトコンテンツとして二次創作されたり、オリジナルのイメージやブランドを著しく傷つけると判断されたりした場合には「大目に見ない」場合もありますので、③はあくまでも権利者による同人文化への理解によって、その取り扱いはいかようにも変動します。

例えば、2005年に「田嶋・T・安恵」によって制作された漫画『ドラえもん』の二次創作同人誌『ドラえもん 最終話』は、絵柄があまりにも原作に酷似していただけでなく、発行部数が1万3000部と同人誌の水準をはるかに超えた商業性が認められるという理由から、著作権侵害を理由に販売差し止めと回収が行われました。

結果的には在庫の破棄と回収および謝罪、加えて売り上げの一部を藤子プロに支払うことで解決しており、それ以上の事件にはなっていません。二次創作に関しては、権利者側の理解や寛容さがその是非に大きく影響します。

【インスパイア】

クリエイティブな活動において、先行する何か、憧れる何か、理想とする何か、尊敬する何か、自らの創造力を喚起する何か……などから「インスピレーション（霊感）」を受けることは多いものです。むしろ、外的なインスピレーションを受けずに、インスパイアされずに創造性を発揮することのほうが難しいかもしれません。インスパイア（inspire）とは、インスピレーション（inspiration）の動詞形であり、文字どおり、霊感のような、外的な啓発によって鼓舞されることを意味しています。したがって、一見してまったく異なるものであっても、実はその核の部分や、眼に見えてこない部分で影響を受けており、「見る人が見れば」そこかし

映画『宇宙からのメッセージ　銀河大戦』〔©東映／1978年〕

こに先行するモノ・コトの影を感じるようなものは少なくありません。盗用や剽窃にならないギリギリのラインで、しかも、先行者への尊敬や憧れを感じさせるよう、見る側にそれとなく「パクリ」をみせることで、コンテンツに対する感情移入を促したり、話題性をつくったりすることもあります。

例えば、ジョージ・ルーカス監督の『スター・ウォーズ』（20世紀フォックス／1977年）は、日本の巨匠・黒澤明監督『隠し砦の三悪人』（東宝／1958年）からインスパイアされた作品であるといわれ、そのほかの黒澤明監督作品からの影響も散見されます。「スター・ウォーズ」に三船敏郎への出演依頼があったという話は映画好きには有名なエピソードです。

さらに、この『スター・ウォーズ』がSF映画の分野において、数多くの作品に影響を及ぼしていることは周知の事実です。『スター・ウォーズ』が日本公開される直前の1978年に東映が制作した映画『宇宙からのメッセージ　銀河大戦』などにも一見して『スター・ウォーズ』から強くインスパイアされた跡がみてとれます。

【オマージュ】

オマージュ（hommage）とは、尊敬・敬意を意味するフランス語です。先行者への尊敬あるいは敬意をもっているがゆえに、あえてそれに似た作品、強く影響を受けていることがみてとれるコンテンツを生み出すことを意味しています。尊敬し、憧憬するコンテンツに似てしまう／似せてしまうことは、モノづくりの基本であり、むしろ、いかにして尊敬するコンテンツに近づけるかということが、モノづくりにおける完成度を高める第一歩であるといっても過言ではありません。

オマージュが尊敬や敬愛の具現化である以上、それは隠すことではありません。むしろ、明示されるものであって、盗用・剽窃のようにひと目を盗んで「こっそり」とやったり、発覚を恐れたりするというものではありません。もちろん、オマージュされた側、すなわちパクられた側も、それがオリジナルのイメージやブランドを損なうものでない限り、後進やファンからの熱意の表れですので、憤ったり、不愉快に感じることもないはずです。

その一方で、出典や影響を明示することなく、さも自分のオリジナルであるかのように公表しておきながら、発覚した段階で「尊敬する作品に無意識的のうちに似てしまった（オマージュだった）」といった表現で、事後的にオマージュにして剽窃であるという指摘を回避するというテクニックがあることも事実です。また、アダルト化などのように、オマージュを標榜しながらも、オリジナルや権利者のイメージを損なうような場合には、オマージュとは認識されない場合も少なくありません。

【パロディ】

パロディとは、元ネタとなるオリジナルから、特徴的な一部や場面などを流用してなされる表現技法のことです。もともとは風刺を意図するために用いられた技法であり、オリジナルのモノ・コトを特徴づける一部を過剰に誇張したり、極端な表現や造形にすることで、特徴をより際立たせます。

歴史的に有名なパロディ作品としては、ジョナサン・スウィフトによる『ガリバー旅行記』（1726年）などが有名です。一般に「小人の国（リリパット）」でのガリバーの活躍を描いた童話、ないし絵本などとして認識されていますが、18世紀に出版された原作の小説は、当時のイギリス社会を辛辣《しんらつ》に風刺したパロディとして、創作を通して政治や社会の批判をしているということは意外に知られていません。

第1部「小人の国（リリパット）」、第2部「巨人の国（ブロブディンナグ）」、第3部「飛び島（ラピュータ）」、第4部「馬の国（フウイヌム）」では、それぞれガリバーが期せずして巻き込まれ、滞在することになった「奇妙な旅行先」が描かれますが、それらはいずれも当時のイギリス社会を風刺し、痛烈に批判するためにパロディ化され、描かれています。

パロディは純粋な尊敬や敬愛にもとづくオマージュとは異なるものの、「元ネタ」やオリジナルを知っていることで楽しむことができる、という点などは共通しています。元ネタとの対比によって作者の意図が見えてきますので、元ネタを知らない、理解できない場合には、十分に楽しむことができないばかりか、内容自体を誤解してしまう場合すらあります。

正面から批判ができにくい場合に、誰もがわかるようなパロディとして批判を込めて表現し、指摘された場合、「ただの創作です」といって批判の矛先を回避することも技法の1つでしょう。

【デフォルメ】

パロディにも似ていますが、こちらはオリジナルの特徴を極端に誇張することで、オリジナルの印象は維持しつつも、デザインや造形を大きく変更し、第二、第三のオリジナルにつくり変える手法です。

例えば、シリアスな八頭身の漫画のキャラクターを、二頭身のコミカルなキャラクターにつくり変える場合などがそれにあたります。デフォルメされる側、すなわちオリジナルの側を知っていることが前提で楽しむことができる表現ではありますが、デフォルメのほうが人気を得てひとり歩きしてしまい、オリジナルの側よりも有名になってしまうような事例もあります。

なお、権利者自身によるデフォルメ（八頭身の『機動戦士ガンダム』（日本サンライズ／1979年）を二頭身にデフォルメした『SDガンダム』（日本サンライズ／1988年）など）による商品化でリバイバルヒットするような事例も多数存在しています。

インターネット時代の今日、ネットで閲覧可能な情報は「無料・無権利《フリー》」であると錯覚してしまいがちです。しかし、それがどんなに低レベルなものであっても、無名であっても、著作権は著作物が生み出された時点で発生しており、人工創作物である以上、すべてに権利者が存在していることを忘れてはいけません。

有名作品の中にもあるパクリ

『スター・ウォーズ』が黒澤映画『隠し砦の三悪人』からインスパイアを受けた作品であることは述べましたが、有名作品の中には、先行作品や過去作品をパクることで、成功している事例は数々存在しています。むしろ、インスパイアを与え、参考元になった先行作品が存在しているようなケースのほうが多いかもしれません。

日本の作品でも、例えば宮崎駿監督率いるスタジオジブリの作品には、多くのインスパイア源、参考元、原作が存在していることでもよく知られています。もちろん、違法な剽窃や模倣や盗用を繰り返している、その作品にオリジナリティがない、という意味ではありません。インスパイアやオマージュの範囲内で、あるいはしかるべき手続きやルールの枠内で、参考にしたり、インスパイアされたり、あるいはリメイクや原作の再解釈をしたりしているというわけです。

むしろ多くの先行事例、先行コンテンツを参考にする宮崎駿監督の調査能力には驚かされます。例えば、スタジオジブリの前身会社であるトップクラフト制作の宮崎監督初期の代表作でもある『風の谷のナウシカ』（東映／１９８４年）をみていきましょう。作品タイトルにもなっている主人公「ナウシカ」という名前は、古代ギリシアの叙事詩『オデッセイア』に登場する王女ナウシカア（Nausicaä）からとっています。『風の谷のノウシカ』の英文タイトルも「Nausicaä of the Valley of the Wind」ですから「ナウシカ」がオデッセイの「ノウシカア」からとっていることがわかります。

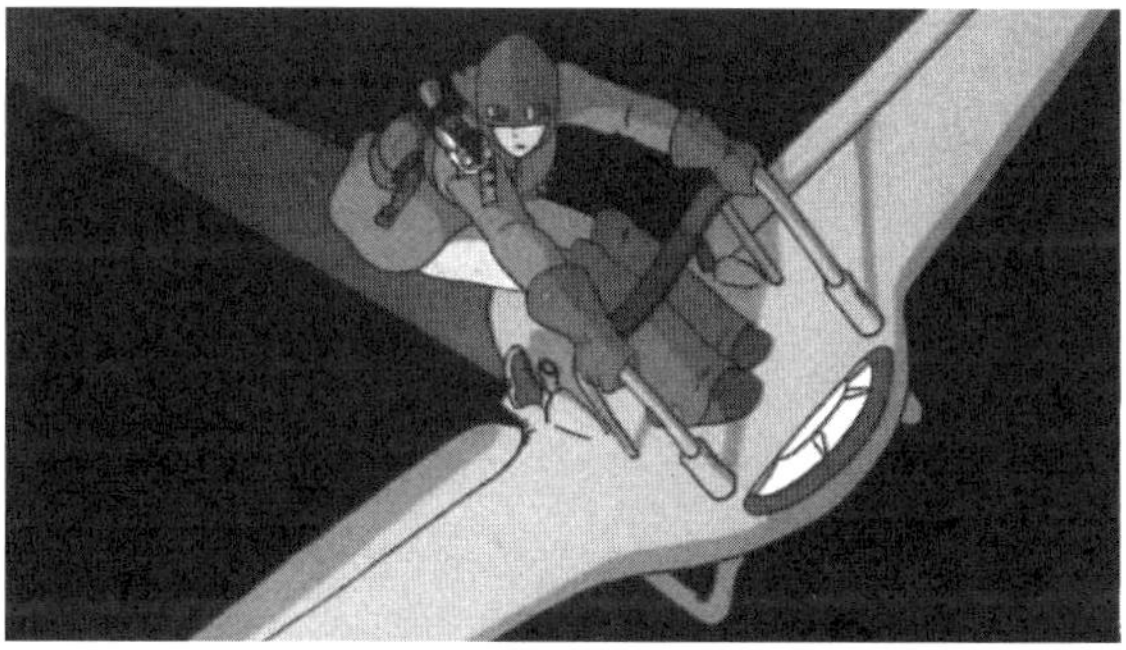
ナウシカ
〔宮崎 駿：風の谷のナウシカ１、徳間書店(1990)、p.129より引用〕

また造形や世界観の点でいえば、宮崎駿監督本人も認めていますが、メビウス（ジャン・ジロー）の漫画『アルザック（Arzach）』（１９７５年）から多大な影響を受けています。特に、白い飛行物体（メーヴェ）に乗って荒廃した世界を飛び回るナウシカを象徴する造形と、白い飛行生物（翼竜？）を駆る造形のもつイメージには、類似の枠を越えた一致を感じます。

実際、宮崎自身がジブリアニメ『ハウルの動く城』（東宝／２００４年）のＤＶＤの付録映像として収めら

アルザック
〔Moebius:Arzach, Les Humanoïdes Associés（1976）より引用〕

れたメビウスとの対談で、影響を受けた事実を語っていますので、『風の谷のナウシカ』が『アルザック』から影響を受けたことは明らかです。しかし、宮崎は過去作品や資料を効果的に使い、先行作品のよいところを吸収し、まったく新しい名作『風の谷のナウシカ』を生み出しているわけですから、『アルザック』に似ているからといって、そのオリジナリティを疑ったり、作品の評価を下げるような人はいないはずです。

『天空の城ラピュタ』と『ガリバー旅行記』

スタジオジブリの1作目としても有名な『天空の城ラピュタ』（東映／1986年）は、根強いファンをもつ宮崎アニメの代表作ですが、本作の舞台となる天空に浮かぶ城ラピュタが、『ガリバー旅行記』（ジョナサン・スウィフト／1726年）第3部の「飛び島《ラピュータ》」を下敷きにしていることはよく知られています。

『ガリバー旅行記』第3部「飛び島《ラピュータ》」の概要は以下のとおりです。

① ガリバーはひょんなことから、高度な科学力で空に島を浮かべ、地上に住む国民を支配する飛び島《ラピュータ》を訪問する。

② 飛び島《ラピュータ》に住む人々（ラピュータ人）は高度な科学力で空に浮かぶ島を、巨大な磁石でつくられた装置によって自在に操り、地上の国民たちを圧倒的に支配している。

③ 一方で、ラピュータ人たちは高度な科学力をもつものの、それ以外のあらゆる能力に欠如している。日常生活は介助者の召使いがいなければ一切できないレベルである。

④ 恐るべき科学力をもちつつも、人間的な生活のできないラピュータ人たちの愚かさに驚かされながらもガリバーは飛び島《ラピュータ》を去る。

『ガリバー旅行記』第３部
「飛び島《ラピュータ》」の挿し絵
〔https://www.alamy.com/stock-photo-gulliver-sees-the-flying-island-laputa-for-the-first-time-from-gullivers-88925297.htmlより引用〕

『天空の城ラピュタ』はタイトルをみればわかるように、ガリバー旅行記に登場する「飛び島《ラピュータ》」から着想を得ていますが、ネーミング以外のさまざまな部分にもガリバー旅行記からの影響がみえます。例えば、『天空の城ラピュタ』でキーアイテムとなるラピュタを浮かせる動力源「飛行石」ですが、同じように、ガリバー旅行記でも、飛び島《ラピュータ》をコントロールしているのは巨大な磁石です。ほかにも『天空の城ラピュタ』の物語は、高度な科学力によって天空に城（島）を浮かべたラピュタ人たちが高度な技術をもっていたが故に滅びてしまったことを通して、科学文明がもつ限界などを織り込みながら、現代科学への批判や皮肉を込め、人間臭さや自然の重要さを訴えかけますが、このような文明批判、科学批判というメッセージも『ガリバー旅行記』第3部の核であり、重なります。

「滅びの呪文《バルス》」は「飛行機《バルス》」？

『天空の城ラピュタ』といえば、「復活の呪文」や「滅びの呪文」などのセリフも有名です。その中でもっとも有名なものといえば、滅びの呪文「バルス！」でしょう。この「バルス」は諸星大二郎の漫画『マッドメン』（秋田書店／1975年）に登場する1シーンからのサンプリングであるといわれています。宮崎は、諸星作品のファンであることを公言していますから、信憑性は高そうです。

仮に、『天空の城ラピュタ』が『ガリバー旅行記』のリメイク（パクリ）であるとしても、その「ガリバー旅行記」でさえ、当時のイギリス社会をパロディ（パクリ）した作品としてつくられています。そう考えると、パクリは連続する、想像力が連続性をもっている、ということがよくわかります。1つのコンテンツがさまざまな改変を経ながら、第二、第三のオリジナルを生み出していくという連続性こそ、パクリがもっている構造的な魅力の1つです。

一方で、『天空の城ラピュタ』を利用したパクリ作品としてはアダルトビデオメーカー・宇宙企画が1988年に発売したアダルトアニメ『バルテュスティアの輝き』があります。作画や雰囲気、物語はこびなどが『天空の城ラピュタ』を彷彿とさせ、強く意識したパクリ作品であることは一目瞭然です。

18世紀イギリスの社会・政治批判が、『ガリバー旅行記』を経て、『マッドメン』などの要素を加えながら、ジブリアニメ『天空の城ラピュタ』がつくられ、それがさらに、もはやイギリスの社会風刺とはまったく関係のないアダルトアニメを生み出した、ということはパクリとクリエイティビティの関係をよく表しているように思います。

「マッドメン」©諸星大二郎

巨神兵とエヴァンゲリオンとウルトラマン

同じく宮崎アニメ『風の谷のナウシカ』に登場する物語を象徴するキャラクター（巨大人造ロボット）「巨神兵」にも同じようなエピソードがあります。「巨神兵」の造形は「ナウシカ」

のオープニング映像にも利用され、荒廃した世界を生み出した要因として、作品の不気味さを醸し出しています。この巨神兵のシーンの原画35カットを描いたのは、後に『新世紀エヴァンゲリオン』（ガイナックス／1995年）を制作した庵野秀明監督です。1960年生まれの庵野は、『宇宙戦艦ヤマト』（読売テレビ／1974年）、『機動戦士ガンダム』、『超時空要塞マクロス』（タツノコプロ／1982年）といった最初期の日本アニメブームの渦中で育った世代です。そのため、パロディや二次創作といった日本のオタク文化、アニメ文化の根幹を地でいく作品を数多く残しています。アマチュア時代の作品を含め、既存作品や先行コンテンツからのパロディやインスパイアは少なくありません。

ひょろ長いシルエットの巨神兵がゆらゆらと歩く姿は、自身の監督作『新世紀エヴァンゲリオン』に登場する巨大ロボット・エヴァンゲリオンと酷似し、その造形は巨神兵を彷彿とさせます。

また、エヴァンゲリオンでは、ロボットのデザインはウルトラマンのようでもあり、駆動時間が非常に短いという設定にもウルトラマンらしさを感じます。庵野監督は特撮映画マニアとしても有名な人物です。

『新世紀エヴァンゲリオン』は、庵野が幼いころから影響を受けてきた「ウルトラマン」と、アニメ界に入るきっかけとなった『風の谷のナウシカ』の巨神兵の造形に大きな影響を受けていることがわかります。もちろん、製作者たちもそれを隠している様子はありません。

1995年に発表された『新世紀エヴァンゲリオン』はアニメ作品として大ヒットしただけ

でなく、そのキャラクター造形や物語のディティールの繊細さもあり、単なるアニメ放送の枠を超え、書籍、フィギュア、イベント、解説・謎本、音楽、声優、玩具などなどあらゆる世代、あらゆる領域へと商材、商域を拡大させました。つまりは、20世紀を代表する日本アニメーション作品であるだけでなく、90年代から世界的な展開を開始した「ジャパニメーション」ムーヴメントのきっかけ、かつ中心にあった作品です。

ここまでいろいろと事例を紹介しましたが、筆者がいいたいことは実にシンプルです。「パクリ」と聞くと、すぐに盗作とか盗用をイメージしてしまうかもしれませんが、実際の「パクリとは何か」について考えてみてほしいのです。「人間は自分が知らないことを想像できない」というあたりまえのメカニズムのことを考えれば、むしろ、多くの知識、多くの情報から学び、そこからさまざまにパクっていくことが、真に魅力的で、オリジナリティあふれるコンテンツをつくり出していく源泉であるはずです。

一方で、単に真似ただけ、単に模倣しただけ、あるいは手続きや手法に不備があった場合の「パクリ」には、大きなリスクと問題が伴います。

「パクリ」や「パクる」ことは決して悪いことではありません。悪いのは、「正しい知識と技術をもたない」ことなのです。

2章

パクリの歴史

「技術を盗む」は悪い言葉か？

「パクリ」っていったい何なのでしょうか？

「パクリの歴史」を学ぶことは、その問いの答えを考えることにほかなりません。

人類が残してきた文化の歴史をひも解いてみると、パクること、すなわち「先行者から学ぶ、真似る」ということがいかに重要なメカニズムであるのかがよくわかります。「それは違う。それは『学習』であって、パクリとは別モノだ」という人もいるかもしれません。言葉の印象やイメージもありますから、そういった主張も理解はできます。

しかし、「真似る」「似せる」「学ぶ」ことは良い言葉で、「パクる」は悪い言葉なのでしょうか？　もしそうだとすれば、その違いは何なのでしょう？

伝統芸能や工芸などの世界では、技術は「学ぶ」「教わる」ものではなく、「盗む」ものであるとよくいわれます。

教室や教科書が教えるように学ぶ、身につける場合には「技術を学ぶ」を使うでしょうし、言語化できないような技術の習得、例えば、伝統芸能や職人芸などのような場合は「技術を盗む」を使うでしょう。世の中には、言語化できない技術、師匠や先輩の技を盗みみて、身につけるしかないようなものもたくさんあります。

「パクリ」「パクる」は暗黙知

知識や技術の学びには、2つの種類があるといわれています。私たちが学校で教科書や教室によって、言語化された知識として学ぶものを「形式知」といいます。形式知をひと言でいってしまえば、文章や図表、数式などで客観的に言語化して表現できるような知識です。私たちが教室や教科書で学ぶことのできる知識の多くが、この「形式知」ということになります。形式知は、文章や数式などがそうであるように、定まった形式が存在し、ルールさえ理解していれば（例えば文法や言葉の意味）、誰もが共通して理解し、学ぶことができます。

それに対して、言語化して形式的に表現できない類の知識も存在しています。その中には意識化されることすらなく、私たちが自然と学び、理解し、身につけているような知識もあります。「空気を読む」などはそれにあてはまる典型的な日本人が身につけている特有の知識かもしれません。このような知識を「暗黙知」といいます。暗黙知には、例えば、歌舞伎や能のような伝統芸能、剣道や合気道のような武道、茶道・華道といった伝統文化などがあるでしょう。師弟関係の生活や交流を通して、言語化されたり、教科書としてつくられたりすることなく、時間をかけて「師匠の背中」や「現場の空気」を通して学び、理解し、身につけていくようなものなどがあげられます。

形式知と暗黙知のどちらが重要か？　と問われることがたまにありますが、これはナンセンスな問いです。知識とはこの形式知と暗黙知の両輪によってはじめて高い次元へと昇華し、それによってさまざまな文化や知性をつくり上げているからです。

「パクリ」「パクる」とは、明確な定義づけがされているわけでありませんから、状況やその場の空気から判断して使い分ける必要がある言葉です。そういった意味では、「パクリ」「パクる」とは暗黙知的な言葉なのです。

人類の歴史はパクリの歴史

アート作品や工芸、文章などはいうまでもなく、アイデアや思想を含め、あらゆるコンテンツの歴史は人類の歴史とイコールといっても過言ではありません。なぜなら、それが何であれ、コンテンツになっているからこそ、後世の我々がその存在を把握し、理解することができるからです。

私たちはなぜ、過去の歴史を知ることができるのでしょうか？　あたりまえの話かもしれませんが、それが絵や書籍、あるいは洞窟壁画などのように「現在の私たちが知覚できる状態」として保存され、コンテンツ化されているからです。

コンテンツの歴史＝人類の歴史は、そのまま「パクリの歴史」ということができます。時代や地域を超えて、さまざまなコンテンツがパクられ、発展し、多様な二次、三次……n次のオリジナルが生み出されていきます。そのn次のオリジナルがさらなるパクリを誘発してさらなる多様化が進められる——そんなパクリの連鎖こそ、人類の歴史にほかなりません。

紀元前9世紀ごろ ◉ ギリシャ神話

有史以前、神話の時代から語り継がれてきたエピソードや、まだ神話と歴史が分化していなかったような時代の古文書の中にも、場所や時代を超えて、数多くのパクリが存在しています。古《いにしえ》からパクリを繰り返しながらオリジナルがつくられ、大きな物語となって、今日の私たちの価値観や人間観を形づくっているのです。

『ギリシャ神話（前9世紀ごろ）』などはその代表例でしょう。

『ギリシャ神話』の世界観や登場する神々、細かいエピソードの数々は、そのベースとなる民間伝承や言い伝えなどがギリシャ世界を合理的に説明するために糾合され、整理・体系化された巨大な『ギリシャ神話』の世界観を描き出しています。いわば、細かいエピソード群の集合体が、古代のギリシャ世界を合理的に説明するためのグランドセオリーとして利用されています。これらの細かいエピソードの数々は、それまでギリシャ世界（あるいはそこにかかわっていた人や地域など）で知られていた民間伝承や言い伝え、事実の記録などなどです。

さらに、『ギリシャ神話』がモチーフとなったコンテンツが非常に多いことはいうまでもないでしょう。毎年のように、『ギリシャ神話』のエピソードや世界観を利用したアニメや漫画、小説、映画などが発表されています。『ギリシャ神話』のキャラクターやパーツを一部利用したものになれば、それはもう数え切れません。いうなれば、『ギリシャ神話』は、もっとも多くパクられているコンテンツの1つといえます。コンテンツ作成がもつパクリのメカニズムをもっとも象徴的に体現している〝パクリの教科書〟のような事例です。

もちろん、ギリシャ神話系コンテンツのすべてが既存の『ギリシャ神話』やその関連コンテンツの焼き直し、つくり直しばかりではありません。多くの場合で製作者《パクリ人》によって、手が加えられたり、新しいエピソードやイベント、キャラクターが追加されたりするなど、単純な流用や二次創作を超えたパクリになっています。それによって、『ギリシャ神話』からのパクリにもかかわらず、ギリシャとは本質的に関係のない世界や場面の中で、まったく新しいコンテンツとしての再生産がなされ、新たな「パクリ元＝オリジナル」が生み出されています。

日本を代表するギリシャ神話を利用したコンテンツといえば、車田正美の人気漫画・アニメ『聖闘士星矢《セイントセイヤ》』（集英社／1986年）です。『ギリシャ神話』の世界観と神々の構図をベースにしながら、まったくジャンル違いともいえる格闘《バトル》漫画としてつくり上げています。物語そのものは、必ずしも『ギリシャ神話』とは関係はないのですが、なぜか読後・視聴後に『ギリシャ神話』に関心がいってしまいます。『聖闘士星矢』がきっかけとなって、ギリシャ神話や天体・天文学に興味をもち、その分野の研究者になってしまった人もいるぐらいです。

紀元前5世紀ごろ ◉ 聖書「ノアの洪水」

世界最大のベストセラーともいわれる『聖書』。その聖書を構成する『旧約聖書』（前5世紀ごろ）といえば、エデンの園やノアの方舟といったエピソードが有名です。聖書の内容は知らなくても、エデンの園のアダムとイブ、ノアの方舟と大洪水といった話は、知らない人のほうが少ないかもしれません。そして、そんなキリスト教の聖典である聖書の中にすら、パクリの痕跡が確認できます。

そもそも、旧約聖書の冒頭章である「創世記」は、古代シュメールやバニロニアなどの文化の影響を強く受けています。「創世記」はその名の通り、この世界がつくられ、人類が誕生し、現在の私たちにつながっていく壮大な人間の歴史を描いているキリスト教世界観の根本になっている部分です。

その「創世記」の中でも特に有名なエピソードに、「ノアの洪水」があります。堕落する人類に対して制裁を加えようとする神が、神に従順なノアの一家だけに方舟をつくらせて救い、そこから人類を再スタートさせる、というエピソードです。

この聖書を代表するエピソードは、聖書の執筆・成立年代よりも古くから存在しています。例えば、古代バビロニアの神話である『ギルガメシュ叙事詩』（前2000年ごろ）や、メソポタミア文明の各地から出土したシュメール語で書かれた粘土板の中にも同じような物語をみることができます。

旧約聖書とギルガメシュ叙事詩の大洪水エピソードの概要をまとめた、以下の表をみてみましょう。

	ギルガメシュ叙事詩	旧約聖書「創世記」
1	神は大洪水を起こして人間を滅ぼそうとしていた。	神は大洪水を起こして人間を滅ぼそうとしていた。
2	ウトナピシュティムは、エア神の助言に従い、大きな方舟をつくり、家族と動物を乗船させ、大洪水から逃れた。	正しい人であったノアは神の助言に従い、大きな方舟をつくり、家族と動物を乗船させ、大洪水から逃れた。
3	ニシル山に漂着した。	アララト山に漂着した。
4	舟からハトを放ったが、水が引いておらず、そのまま帰ってきた。	舟からカラスを放ったが、水が引いておらず、そのまま帰ってきた。
5	舟からツバメを放ったが、水が引いておらず、そのまま帰ってきた。	舟からハトを放ったが、水が引いておらず、そのまま帰ってきた。
6	—	もう一度ハトを放つと、オリーブの葉をもって帰ってきた。

7	最後にカラスを放つと、帰ってこなかったので、ウトナピシュティムは洪水が終わり、水が引いたことを知る。	最後にハトを放つと帰ってこなかったので、洪水が終わり、水が引いたことを知る。
8	ウトナピシュティムは方舟の中の動物たちを水の引いた大地に放ち、神に感謝した。	ノアは方舟の中の動物たちを水の引いた大地に放ち、神に感謝した。

細かい違いはありますが、概ね同じであることがわかります。旧約聖書の創世記は、紀元前5世紀～前10世紀にかけて書き継がれ、成立したといわれます。対して、『ギルガメシュ叙事詩』は紀元前2000年ごろの成立といわれているので、この時期のさまざまな神話や物語が『創世記』に影響を与えている、いいかえればパクリ元になっている可能性は低くないように思います。

ほかにも、同じような大洪水を描いたエピソードはギリシャ神話やインド神話などにもあります。神の制裁によって、洪水が一度世界を洗い流す、というエピソードは、世界中にあり、その数は決して少なくありません。しかも、多くの場合で、その根幹部分のエピソードには大きく重なり合う点があります。

この事実から、パクリの歴史を考えるうえで重要なことは、「果たしてオリジナルとはいったい何なのか？」という問いです。世の中には古今東西、この世にただの1つしか存在しない、完全なオリジナルもあるのかもしれません。しかし、ごく限られた奇跡的な一部を除けば、オリジナルと思われているものの多くに「さらなるオリジナル」、いわば参考元・派生源が存在しているはずです。「人間は自分の知らないことは想像できない」というのは、絶対的といってもよい、人間の認知メカニズムの基本をなすものなのです。

『聖書』や『創世記』は時を経て、絶対的なオリジナルとして成長し、それらをモチーフとしたり影響を受けたりしたパクリが無数に登場しています。物語や創作物はもとより、思想や哲学、宗教などを含め、聖書や創世記のエピソードをパクったコンテンツを数えればきりがないでしょう。

16世紀 ◉ 『西遊記』とパクリの想像力

孫悟空《そんごくう》と三蔵法師《さんぞうほうし》が、沙悟浄《さごじょう》、猪八戒《ちょはっかい》といった仲間とともに、天竺《てんじく》（現インド）へ経典を探し求めて旅をする冒険活劇といえば『西遊記』（16世紀）です。アニメや漫画、映画や児童小説、絵本などに、さまざまなカスタマイズ、コミカライズがなされ、世界中で愛されている作品の1つです。「西遊記」は16世紀の中国（明）で成立した長編伝奇小説ですが、旅をする僧・三蔵法師が実在の人物であることはよく知られています。また、三蔵法師こと、玄奘《げんじょう》三蔵が天竺に経典を求めて旅をしたということもまた事実で、それが『西遊記』のもとになっています。

実在の人物と実際の活動をベース（ノンフィクション）に創作エピソードを組み込んでつく

り上げる物語《フィクション》という手法は、コンテンツ作成には不可欠な方法の1つです。例えば、80年代の伝説的なテレビドラマ『スクール☆ウォーズ』（TBS／1984年）などはその典型です。事実在の人物、学校、エピソードを使い、それをドラマ仕立てのフィクションにしています。事実をベースにしているため、物語にリアリティが増し、「フル・フィクション」よりも観る者に強く訴えかけてきます。

複数ある『西遊記』のオリジナル

『西遊記』はまず、実在の僧侶・玄奘三蔵が経典を求めて旅した中央アジアやインドの国々について本人が646年に記した報告書『大唐西域記』を一次資料にしています。

もう1つの一次資料として、『大慈恩寺三蔵法師伝』（慧立／688年）があります。これは、玄奘が死んだ24年後の688年に玄奘を直接知る弟子たちが、玄奘の生涯を記した伝記です。この2つによって、玄奘三蔵の業績と記録が残り、偉大な僧侶＝三蔵法師としてのイメージが完成され、広く知られていくことになります。

一方で、孫悟空（猿）などの『西遊記』を代表するようなキャラクターらが中国に古くから伝わる説話や伝説の中で登場します。もちろん、それらは、本来は玄奘や彼の旅とは無関係な説話や伝説です。13世紀ごろには、現在の『西遊記』のような玄奘三蔵の大冒険としての物語がつくり込まれていきます。

そして宋の時代になって『大唐三蔵取經詩話』（12～13世紀）が生み出されます。これはそれまでのエピソードや物語を今日の『西遊記』のような形へと完成させた、いわば「西遊記の原型」です。この段階になると、三蔵法師には猿の猴行者《こうぎょうじゃ》、すなわち「孫悟空」が旅の友として登場します。

こういった成り立ちを経て、1677年に、私たちがよく知る『西遊記』の内容を記録した現存最古の書籍として『朴通事諺解』（1677年）が書かれます。それ以降はいうまでもなく、演劇や物語としてさまざまに手が加えられ『冒険活劇・西遊記』が生み出されていくことになります。

三蔵法師はなぜ女性？

『西遊記』を利用したコンテンツ、いわば二次創作は数多く存在しています。中国で1941年に制作されたアジア初の長編アニメーションといわれる『西遊記 鉄扇公主の巻』（万氏兄弟／1941年）という作品も『西遊記』です。

また、日本だけをみても『西遊記』の映画化、あるいは『西遊記』をモチーフとした映画作品は少なくありません。テレビドラマも同様です。これらの二次創作によって、今日、一般的な『西遊記』やそこに登場するキャラクターらのイメージが形成されています。

例えば、日本ではカッパの化け物として描かれることの多い「沙悟浄」ですが、本来の『西遊記』ではカッパではなく、普通の人間です。沙悟浄＝カッパという設定は、日本版『西遊記』にのみ、みられるものです。日本上陸時に、カッパとしてキャラづけされたのです。そして、私たち日本人が思い浮かべる沙悟浄は必ずといってよいほどカッパです。

さらに、1978年にテレビドラマとして人気を博した『西遊記』（日本テレビ）によって、日本人の中における『西遊記』のイメージは決定的となります。本作で三蔵法師を剃髪《ていはつ》の美女僧侶として、女優・故 夏目雅子が演じました。この魅惑的な設定が高い注目を集め、それ以降につくられる「三蔵法師ポジション」の多くが美女の僧侶になっています。1993年にリメイクされたドラマ『西遊記』（日本テレビ）でも、三蔵法師は女性です。女優の宮沢りえが務めたことでも話題になりました。翌1994年に放送された『新・西遊記』（日本テレビ）でも、三蔵法師は女優・牧瀬里穂が演じています。2000年代に入ってもその傾向は変わりません。2006年に放送されたドラマ『西遊記』（フジテレビ）でも、三蔵法師役は、やはり女優である深津絵里が担当します。1978年の『西遊記』以降に日本で制作された『西遊記』の映像作品で三蔵法師はいずれも女優、しかも、国民的な美女と呼ばれた美しい女優が演じていることがわかります。

『西遊記』をモチーフとした日本の漫画・アニメ作品の代表といえば、鳥山明《とりやまあきら》原作の『ドラゴンボール』（集英社／1984年）でしょう。この『ドラゴンボール』でも主人公・孫悟空を連れて旅をする三蔵法師ポジションのキャラクター・ブルマは女性です。そのほかにも、三蔵法師とは名づけられていないものの、三蔵法師ポジションのキャラクターの多くが女性になっています。仮に男性である場合でも、その造形は限りなく中性的に描かれている点にも注目です。なお、現在残されている玄奘三蔵の肖像画を見ると、その姿は旅疲れした暑苦しい、いわばオヤジでしかなく、女性的要素は皆無です。

「パクリをパクる」をパクる

このように、日本ではなぜか、三蔵法師は女性、それもとびきりの美女というイメージがかなり固定化しています。これが意味することは、１９７８年に放送されたテレビドラマ『西遊記』が、オリジナル『西遊記』を起源とする《パクった》、もう１つの「新しい西遊記」としてオリジナルになっている、ということです。つまり、その後の各種『西遊記』コンテンツや『ドラゴンボール』などは、16世紀に成立した原本『西遊記』のパクリではなく、それをパクった『１９７８年版ドラマ 西遊記』のパクリであるというわけです。

オリジナルのコンテンツをパクリながらも、やがてパクリ作品として成長する中で「新しいもう１つのオリジナル」として完成され、そもそもはパクリであったものが、オリジナルとなっているのです。「三蔵法師＝美女」というフォーマットを定着させた１９７８年版ドラマ『西遊記』も例外ではありません。蛇足かもしれませんが、１９７８年版ドラマよりも先に「三蔵法師＝美女」のフォーマットを思いつき、利用しているコンテンツも存在しています。それは、『銀河鉄道９９９』（少年画報社／１９７７年）でおなじみの漫画家・松本零士原作アニメ作品『SF西遊記スタージンガー』（フジテレビ／1978年）です。『西遊記』をモチーフとして1978年4月からフジテレビで放送され、1978年版ドラマ『西遊記』よりも半年ほど早い作品です。この作品の中で、三蔵法師は松本零士が得意とする美女として描かれています。もちろん、両作品の関連性を示すような証拠はありませんが、もし『スタージンガー』がドラマ『西遊記』の三蔵法師デザインに影響を与えたとすれば、さまざまな素材をパクリ／パクられを繰り返しながら新しいオリジナルを形成するパクリのメカニズムの凄さを感じます。

ちなみに、西遊記をモチーフとした異色なパクリとしては1974年に制作・放送された日本を代表するSFアニメ『宇宙戦艦ヤマト』です。

そのプロットは、西遊記に着想を得ているということは有名な話で、

「大事な経典を取りに行く」→**「天竺《インド》へと危険な旅をする」**

「コスモクリーナーDを取りに行く」→**「イスカンダルへと危険な旅をする」**

という枠組みは、確かに西遊記と似ています。もちろん、それを視聴者にまったく意識させないぐらい「宇宙戦艦ヤマト」はオリジナルの面白さを備えています。

このように、コンテンツでもオリジナルをさかのぼっていこうとするときりがありません。西遊記はそれを知る典型的な素材であるといえるでしょう。

16世紀◉『水滸伝』にみる史実と創作

『水滸伝』といえば、12世紀、中国の北宋時代（960～1127年）に活躍した108人の勇者が集まった「梁山泊」を描いた中国の冒険活劇で、歴史好きならずともファンは多いコンテンツです。南宋時代（1127～1279年）から各種エピソードが醸造され、明の時代（1368～1644年）に現在のような形で成立しました。108人という数多くのキャラクターが登場することから、物語に多様性と幅があり、ゲームや小説、漫画やアニメなど、多メディア展開がしやすく、多くのアンソロジーやスピンオフ、二次創作が生み出されています。そのため、原作を知らなくてもゲームなどを通して「水滸伝好き」になった人は多いはずです。

さて、そんな『水滸伝』ですが、「創作」でありながら史実をもとにしていることは意外と知られていません。当時の時代背景を色濃く反映し、史実の利用によって物語は骨太になり、リアリティを向上させ、親近感も高めています。

とはいうものの、『水滸伝』を構成する無数のパーツのそれぞれが史実にもとづいているだけであり、物語全体としては完全なフィクションですし、善悪や勝ち負けが史実とは逆転しているようなケースもあります。

そんな『水滸伝』をモチーフにしたり、そのキャラクターや設定などを流用したり、事実上の二次創作、リメイクのような形でつくられたパクリ作品は、日本はもとより、世界中で数え切れません。

今日の私たちがまず思い浮かべる最初の『水滸伝』といえば、1960年に作家・吉川英治が発表した『新・水滸伝』（講談社／1960年）でしょう。吉川英治は『宮本武蔵』『人岡越前』『新書太閤記』『新・平家物語』『私本太平記』などなど、史実をベースにしながらも、独自の解釈で、歴史上の人物やコンテンツをリメイクする手法を得意とした作家です。吉川英治によって描かれたイメージや吉川史観が史実を超えて広く浸透しているような事例も少なくありません。『新・水滸伝』もそんな作品の1つです。ハードボイルド小説の巨匠・北方謙三が1999年に発表した『水滸伝』（集英社）は、原典『水滸伝』をベースにしつつも、まったく別物の物語として描かれています。さらに、石川英輔の『SF水滸伝』（講談社／1977年）のように、宇宙空間を舞台にしたSF仕立てにリメイクしたような異色の水滸伝もあります。なお、この宇宙を舞台とした水滸伝は、1981年に発表されたSF／ファンタジー作家・栗本薫による『魔界水滸伝』（角川書店／1981年）シリーズでも利用されています。

子どもや若い層にも『水滸伝』を浸透させた最大の功績といえば、コンピュータゲームの存在です。『三国志』（1985年）や『信長の野望』（1983年）などの歴史を舞台にしたシミュレーションゲームで知られる光栄（現 コーエーテクモゲームス）が1989年に発売した『水滸伝・天命の誓い』（1989年）によって、『水滸伝』を知らない、読んだことはないにもかかわらず、キャラクターや出来事、あるいはその世界観などを知っているファン層が生み出されたことは特筆すべきことでしょう。

最近でもライトノベルのような形で、登場人物の108人全員を美少女に置き換えた逢巳花堂の『一〇八星伝　天破夢幻のヴァルキュリア』（KADOKAWA／2015年）などが発表されるなど、誕生して1000年近く経っている今日でも、『水滸伝』のパクリ元としての魅力は衰えることを知りません。

1709年◉西洋高級磁器「マイセン」とパクリの技術

現在、オリジナルとしての価値が高められているモノ・コトでさえ、そもそもはパクリであった、というものも少なくありません。

例えば、ヨーロッパを代表する陶磁器であるマイセン（1709年〜）は、ドイツのマイセン地方で生産されている最高級陶磁器として、高いブランド力をもって知られています。しかし、その誕生の歴史をみてみれば、18世紀に当時の西洋社会で芸術品として高く評価されていた中国や日本（伊万里焼など）の白磁をひたすら模倣し、パクることから始まっています。実際、当時つくられたマイセン磁器の中には、数多くの「日本風や中国風の絵付け」がされたものが残されています。

しかし、パクリから始まったマイセンですが、早い段階から高級磁器として独自の技術革新も遂げていきました。また、パクったにもかかわらず、技術漏洩には早くから敏感で、パクリ防止のために、さまざまなアイデアが導入されたことでも有名です。いわば、パクリながらも独自の技術を高め、それを維持し、西洋高級磁器としてのブランドを確立させ、今日に至っています。いまや、マイセンの西洋高級磁器としてのオリジナリティを疑う人はいないでしょう。

１７４８年◉忠臣蔵≠仮名手本忠臣蔵

著作権に対する意識や環境が十分ではなかった日本の江戸時代。多くのパクリ作品が生み出され、それが後に、オリジナルの魅力と価値をもつ定本や名作へと昇華していった事例は少なくありません。有名なものに、江戸時代きってのヒットコンテンツ『忠臣蔵』があります。

『忠臣蔵』とは１７０１年に、赤穂《あこう》藩主・浅野内匠頭長矩《あさのたくみのかみのりなが》が、高家・吉良上野介《きらこうずけのすけ》に対して江戸城中で刃傷沙汰を起こしたことで、切腹・改易《かいえき》（お取り潰し）となったものの、喧嘩両成敗に反して吉良上野介にはお咎《とが》めなしであったことから、大石内蔵助《おおいしくらのすけ》以下47人の忠臣たちが吉良上野介を仇討ちしたいわゆる赤穂事件（１７０１年）を題材にしてつくられた人形浄瑠璃・歌舞伎の演目『仮名手本忠臣蔵』（二世竹田ら／１７４８年）を起源とするコンテンツです。

『仮名手本忠臣蔵』は、二世竹田出雲・三好松洛・並木宗輔の合作としてつくられ、１７４８年に大坂・竹本座で初演されました。赤穂事件の史実にもとづきながらもオリジナルの解釈やエピソード、創作を交え、いまもなおファンの絶えない名作となっています。『仮名手本忠臣蔵』は史実である赤穂事件をベースにした創作ですが、実際の実験や時代あるいは登場キャラクターなどは、微妙に事実とは異なるように工夫が施されています。その理由としては、江戸幕府が実際の事件などをそのまま浄瑠璃や歌舞伎などで演じたり、本を出版したりすることを禁じていたことにあります。事件や出来事がそのまま政治批判、社会批判へと展開していくことを恐れていたのでしょう。そのため、『仮名手本忠臣蔵』では時代や人物名などの設定が変更され、あくまでも「事件とは無関係の創作」という体裁がとられています。

なお、明治時代になってからは、江戸幕府による取り締まりもなくなり、1873年（明治6年）には初めて実名を用いた忠臣蔵である『忠臣いろは実記』（1873年）が歌舞伎の舞台として初演されています。以降は、忠臣蔵コンテンツには史実にもとづいたものが利用されるようになっていきます。

さて、このようにつくられて始まった「忠臣蔵」ですが、今日では、人名や時代背景なども史実にもとづき、小説や映画などがつくられています。今日ほとんどの赤穂事件を描いた47士たちの仇討ち事件の物語で『忠臣蔵』というタイトルが利用されているものの、実際に事件の起きた時代を舞台とし、史実通りの名前が利用されています。つまり、今日の私たちがよく知り、またイメージする『忠臣蔵』とは、江戸時代から広く知られた『仮名手本忠臣蔵』、通称『忠臣蔵』のタイトルを利用しているだけで、その内容や設定は史実を反映させた「ドキュメンタリー」のようにつくられている、というわけです。

もちろん、史実に忠実に「赤穂事件」を描こうとしている小説や映画などもありますが、その多くは新しい解釈や設定追加、ときに大幅なフィクションを追加したり、場合によっては『仮名手本忠臣蔵』にも実際の「赤穂事件」にも登場しない人物やエピソードを盛り込んだりすることで、まったく新しい忠臣蔵をつくり出しています。

つまり、私たちが目にするほとんどの忠臣蔵はオリジナルである歌舞伎の演目『仮名手本忠臣蔵』とタイトルこそ共有していますが、実はまったく別物なのです。もっと具体的にいってしまえば、現在のさまざまに存在している一連の忠臣蔵コンテンツは、いずれも江戸時代の『仮名手本忠臣蔵』のタイトルとイメージ「だけ」をパクリ、改めて赤穂事件をベースにしたコンテンツとしてつくられたものなのです。

1814年◉『水滸伝』をパクった『南総里見八犬伝』

『水滸伝』は、中国の国民的作品、中国を代表するヒロイックファンタジーとして広く受け入れられ、さらに急速に日本などの海外などへも広まります。この結果、さまざまなスピンオフやパクリ、二次創作などが今日に至るまでつくられ続けています。

日本に上陸した『水滸伝』をパクり、それが新たなオリジナルとして『水滸伝』を超えて展開していった最大の事例が、曲亭馬琴による日本最高のヒロイックファンタジー作品といわれる『南総里見八犬伝』（馬琴／1814年）です。『南総里見八犬伝』は『里見八犬伝』『八犬伝』などの作品名でさまざまな二次創作やリメイクが生み出されてきた、今日でも広く知られた作品です。

『南総里見八犬伝』は、運命に導かれた「名前に犬の文字」が入った8人の剣士たちが、八犬士として活躍する名作です。八犬士たちは各人が「仁・義・礼・智・忠・信・孝・悌」という8つの運命と、その文字が刻まれた宝玉を生まれながらにもっているという設定は、今日の映画、アニメ、ライトノベルなどでも多用されています。また、八犬士たちは運命に導かれつつも、身分や立場、育った環境が異なり、個性的なキャラクターをもってつくり込まれているため、二次創作やリメイク、あるいは流用といった素材のパクリ、設定のパクリ、物語のパクリをする場合でも、つくり手のオリジナリティや想像力を広げやすい／加えやすいものとなっているように思います。

そんな『南総里見八犬伝』ですが、『水滸伝』の影響を色濃く受けているといわれています。まず、物語の発端となる主人公たち（水滸伝は梁山泊の108人、八犬伝は八犬士）の誕生秘話からそもそも酷似しています。『水滸伝』では「108の魔の星が地上に飛び散り、その星々は生まれも育ちも違う108人の英雄となって運命に導かれながら梁山泊へと集まる」というものですが、「八犬伝」では「ヒロイン・伏姫がもっていた仁義礼智忠信孝悌と書かれた数珠が8つの玉となって飛び散り、球はやがて生まれも育ちも違う8人の剣士となって運命に導かれながら里見家へと集まる」となっています。八犬伝を象徴する「8つの玉＝八犬士」の設定は水滸伝による「108の星＝108人の盗賊」からのメタファーです。ほかにも類似した部分は少なくはありません。

物語の根幹をなす部分がしっかりと存在していれば、そこに連なる枝葉のエピソードはいくらでも創作したり、改良したり、多様化させることが可能です。その意味では、『八犬伝』は、

『水滸伝』がもつ物語の根幹部分をパクることで、『八犬伝』という新しいコンテンツを生み出すことに成功しているといえます。もちろん、その背景にあるのが、江戸時代後半に『水滸伝』が大いに読まれ、人気を博していたこと、また、八犬伝が出版された文化・文政時代（1793〜1841年）は、町人文化が花開く一方で、賄賂政治の横行や財政破綻、治安の悪化、窮民の増加など、政権や社会への不満が高まった時期であったこと、などがあります。ここでも『水滸伝』が成立した当時の中国における政治腐敗・社会不安と重なり、政治や社会への不満のはけ口として、権力や強敵に立ち向かう「英雄《ヒーロー》＝庶民の味方」という設定が、大いに当時の民衆に受けたのでしょう。

オリジナルとしての『八犬伝』

『南総里見八犬伝』は江戸時代からすでに多くの二次創作やリメイク、メディアミックスが試みられてきました。歌舞伎などを含めた演劇化、映画化、テレビドラマ化、アニメ化、漫画化などは数多く存在しています。そしてそれらの多くは、曲亭馬琴の原作に忠実であることは少なく、つくり手による再解釈や改良によって、「新しい八犬伝」の姿が模索されています。これはオリジナルである『南総里見八犬伝』が28年の歳月をかけた、全98巻という超大作であるという点も大きな理由でしょう。98巻をすべてリメイクすることは大変ですし、パクるにせよ、かなりピンポイントに絞り込んだり、大幅な再解釈をしたりしない限り、時間的にも分量的にも限界があります。もちろん、想像力を爆発させた超大作だからこそ、大きな枠組み（運命に導かれた八犬士が活躍する）だけがしっかりと固められていれば、ピンポイントなパクリをしただけでも、オリジナル八犬伝の魅力をオマージュした作品、そこからインスパイアされた作品として魅力を放つことができるわけです。

今日の私たちが『八犬伝』と聞けば、１９８３年に角川映画としてつくられた深作欣二監督『里見八犬伝』（角川春樹事務所／１９８３年）をイメージする人は少なくないでしょう。１９８４年の国内興行収益１位になったヒット作品で、主演の真田広之と薬師丸ひろ子の印象が強いため、八犬伝のヒロインといえば薬師丸ひろ子を思い浮かべる人も多いはずです。

しかし、この映画『里見八犬伝』は、『南総里見八犬伝』をパクった鎌田敏夫による二次創作小説『新・里見八犬伝』（角川書店／１９８８年）を原作にしてつくられた映画です。そのため、八剣士こそ登場しますが、ヒロイン・薬師丸ひろ子が演じるのは、原作本来のヒロインである「伏姫」ではなく、映画オリジナルの「静姫」、また、敵役「悪女・玉梓」も、過去の怨霊ではなく、実際の〝ラスボス〟として時代を超越して登場しているなど、原作を知っている人からすれば、時間軸や設定を無視した荒唐無稽な映画化になっています。

しかし、これを「文学作品の映画化」と考えれば荒唐無稽なのですが、曲亭馬琴の『南総里見八犬伝』をパクったオリジナル冒険ファンタジー映画としてみれば、時代劇映画として、斬新で新しい、オリジナル作品に仕上がっているといえます。実際、ベースとなった『南総里見八犬伝』を読んだことがない人、知らない人の多くが映画の視聴者となり大ヒットをさせているわけです。この映画を観て、「八犬伝はこんなストーリーなんだ」と思い込む人も多かったはずです。根幹となる部分は同じですが、細かいエピソードやストーリーそのものはまったく異なりますから、映画『里見八犬伝』を観て、『南総里見八犬伝』を知った気になるのはきわめて危険ですが、そのような逆転現象が発生している事実こそ、映画『里見八犬伝』が『南総里見八犬伝』をパクリつつも、オリジナル化していることの証でもあります。

そのため、この映画『里見八犬伝』にインスパイアされた、あるいはパクったような『八犬伝』が次々とつくり出されることになります。その流れは今日でもまだまだ続いています。また、映画『里見八犬伝』のヒットによって、八犬伝というコンテンツが広く知られるようになった「だけ」ではない、という点も本作の特徴の1つです。本作では、時代劇にもかかわらず、主題歌にはジョン・オバニオン（John O'Banion）による英語のロックミュージックが使われています。いまでこそ、時代劇にロックミュージックや英語の主題歌が使われることはめずらしくはありませんが、1980年代といえば、時代劇の主題歌といえば『水戸黄門』のテーマ（あゝ、人生に涙あり）』のようなものがお決まりでした。もちろん、特殊メイクや特撮などの要素が組み込まれることもありませんでした。それが、映画『里見八犬伝』以降になると、時代劇とロック、時代劇と英語といったイメージの異なる要素を組み合わせることで、より魅力や新鮮さを高めるといった手法があたりまえのように導入されていくことになります。なお、1982年に歌手・武田鉄矢が主演し、脚本も手がけたテレビドラマ『幕末青春グラフィティ坂本竜馬』（日本テレビ）では、オリジナル主題歌ではありませんが、ＢＧＭにザ・ビートルズの楽曲が使われています。

『南総里見八犬伝』を利用したコンテンツはあげればきりがありませんので、ここで割愛しますが、ストーリーを知らなくても「犬にまつわる運命の剣士8人」という設定は強いインパクトをもっています。また、そこからもはや「剣士のドラマ」という最終的な部分さえもすっとばして、「はっけんでん」という名称のみ利用している久部緑郎原作・河合単作画の漫画『ラーメン発見伝』(小学館/1999年)のようなケースも散見されます。

1950年◉「不二家ペコちゃん」にはオリジナルがあった

今日、有名なキャラクターやデザインとして「オリジナル」と信じられて定着しているモノに対するパクリ疑惑も少なくありません。なかには世界的に有名でオリジナルと思われてきたデザインが、実はパクリだった……などということさえあります。

例えば「ペコちゃん」(不二家/1950年)です。

「ペコちゃん」といえばお菓子メーカー・不二家のキャラクターとして有名で、不二家関連のほとんどすべての商品に描かれています。そのアメリカンなかわいらしさもあって、不二家のマスコットキャラクターという役割を超えて、独立したキャラクターとしてひとり歩きし、人気を得ている日本の国民的なキャラクターといっても過言ではありません。

不二家の公式情報によれば、ペコちゃんは1950年(昭和25年)に誕生したといわれてい

Birds Eye orange juice（1949）

不二家ペコちゃん
〔株式会社不二家Webサイトより引用〕

ます。そのデザインは、アメリカの雑誌に掲載されていた少女や漫画などを参考につくり出されたとありますから、微妙にパクったことを暗示しています。

ペコちゃんのオリジナルとなるキャラクターとは、アメリカの缶詰食品メーカーであるバード・アイ（BIRDS EYE）社が１９４９年に『ライフ誌』に出したオレンジジュース「Birds Eye orange juice」（１９４９年）の広告に登場します。よく「酷似している」などと表現されることもありますが、ひと目見て、ほとんど同じといってもよいでしょう。

１９５０年ごろにアメリカの雑誌を参考にし、デフォルメし、デザインしたと不二家自身が述べていることを考えれば、現在、不二家のマスコットキャラクターとなっているペコちゃんの原型、すなわち「パクリ元」がこのバード・アイである可能性は高いように思います。

もちろん、このような現象が起きる背景には、知的財産権に対する関心が今日ほど十分ではなかったということもあるでしょう。そして日本では知られていないバード・アイという会社、アメリカでは知られていない不二家という会社の関係から、双方ともに状況を把握するチャンスがなく、またお互いに関心をもっていなかったこともあるでしょう。インターネット時代になっていなければ、半世紀以上前にアメリカの雑誌に掲載されたジュースの広告が発見されることもなかったはずです。

しかし、仮にそのデザインの原型がパクリであったとしても、ペコちゃんはその後、さまざまな改良や物語づくりがされて、「不二家ペコちゃん」という完全に独立したオリジナリティと価値を生み出しています。仮にペコちゃんがバード・アイのパクリであったとしても、不二家によるつくり込みがなければ、決して今日のようなブランド力は得ていなかったはずです。むしろ、ペコちゃんに似たようなデザイン、それをさらにパクったようなキャラクターやデザインも数々生み出されていることを考えれば、ペコちゃんが完全なオリジナルとして確立されていることがわかります。

1979年◉『キン肉マン』とウルトラマンと千代の富士

『キン肉マン』(集英社/1979年)は、1980年代を代表する漫画であり、日本を代表するメディアミックスコンテンツです。『キン肉マン』の基本構造は「ドジでダメダメだけど心優しいヒーロー・キン肉マンが、仲間の正義超人たちと協力して、せまりくる敵・悪魔超人たちと戦う」というものです。正義超人、悪魔超人のようにグループやタッグに分かれて戦いを進めるトーナメント形式で進む格闘《バトル》漫画であるため、毎回、多くのキャラクターが必要となります。そのため、連載誌「週刊少年ジャンプ」でもたびたび読者に対して「オリジナル超人（キャラクター）募集」のコンテストを開催しており、その中から多くの超人たちが採用されています。

そういった事情もあり、『キン肉マン』では既存コンテンツを意識したり、パロディ化したキャラクターが数多く登場します。また、連載中盤以降、『キン肉マン』はシリアスな格闘漫画へと変貌しますが、連載開始当初はあくまでも「プロレス風の格闘ギャグ漫画」という体裁であったため、ギャグ漫画の表現の範囲として許容される（と思われる）パロディ、すなわちパクリ表現が多用されています。

そもそも主人公であるキン肉マン自体が日本を代表する特撮『ウルトラマン』（円谷プロ／1966年）からのパクリです。その造形はいうまでもなく、連載初期では、戦う相手も巨大怪獣だったり、ウルトラマンのように巨大化したり、技もウルトラマンを彷彿とさせるものが続々と登場します。

また、主要なキャラクターたちの中にも既存コンテンツやほかにモデルが存在するキャラクターが多数登場します。

例えば、相撲力士のデザインをもつ「ウルフマン」というキャラクターです。このウルフマンの造形は往年の名横綱・故 千代の富士を意識してデザインされています。千代の富士の

ウルフマン
〔ゆでたまご：キン肉マン8、集英社（1982）p.140より引用〕

千代の富士（横綱）
〔ベースボール・マガジン社 編集：不滅の“ウルフ”千代の富士 貢　第58代横綱・千代の富士引退記念（相撲別冊）ベースボール・マガジン社（1991）の表紙〕

アブドーラ
〔ゆでたまご：キン肉マン1、集英社（1979）p.12より引用〕

アブドーラ・ザ・ブッチャー
（プロレスラー）
〔『週刊プロレス』（ベースボール・マガジン社）〕

ニックネームが「ウルフ」ですから、造形だけでなく名前も利用しているわけです。しかし、このウルフマンは、1983年にテレビアニメ化される際には「リキシマン」という名前に変更されます。また、「アブドーラ」という名前で登場するキャラクターの造形も、プロレスラー「アブドーラ・ザ・ブッチャー」そのままのデザインなのですが、これもテレビ化される際には「アブドドーラ」と改変されています。千代の富士やブッチャーからクレームがあったというような話は残っていませんので、おそらく製作者側の自主規制でしょう。

もちろん、そこにはプロレスやウルトラマンといったコンテンツを愛している『キン肉マン』作者、ゆでたまごの各コンテンツへの強いリスペクトがあったことはいうまでもありません。

1979年◉ガンダムとエルメス

ロボットアニメの最高峰『機動戦士ガンダム』シリーズは1979年の初代を皮切りに今日に至るまで、メディアミックスで数多くの作品・商品が展開されています。むしろガンダムシリーズといえば、登場したロボットがプラモデルや玩具として発売されることがお約束で、いわばプラモデルと一体化した商材展開がガンダムシリーズの特徴でもあります。

そのガンダムの中に登場するヒロイン〝ララァ・スン〟が操縦するモビルアーマー（ロボット兵器）には、当初「エルメス」という名前がつけられていました。この「エルメス」をプラモデルとして発売する際に発生したのがファッションブランド「エルメス（Hermes）」との商標問題です。すでに商標登録されている「エルメス」という名前を使って、プラモデルを販売することができなかったためララァ・スンのモビルアーマー「エルメス」は以降、「ララァ・スン専用モビルアーマー」という名称に変更されています。

ガンダムの製作者たちが、ファッションブランドの「エルメス（Hermes）」を意識してネーミングしたり、そこからなにがしかのメリットを得ようとしたとは筆者には考えられません。おそらく、そのスタイリッシュな語感から、細かく調べもせずにつけたのだとは思います。しかし、理由はどうであれ、販売後に損害賠償で訴えられれば確実に敗訴する事例ですから、水際でそれを止めることができたことは賢明だったといえるかもしれません。

1994年◉『ライオン・キング』と『ジャングル大帝』はなぜ揉めない？

ディズニーが知的財産権に厳しい企業であることは有名です。一方で、ディズニーをめぐるパクリの話題は決して少なくありません。もちろん、ディズニーがパクる側として、です。

もっとも有名な疑惑といえば、手塚治虫の人気漫画・アニメ『ジャングル大帝』（1950年）とディズニーアニメ『ライオン・キング』（1994年）のものです。設定や描写が酷似しているということでディズニーによる『ジャングル大帝』のパクリ疑惑が話題となりました。この騒動は、ディズニーに対して日本人漫画家82人を含む488人が公開質問状を出したことで顕在化し、大きな問題へと発展するかにみえました。ディズニーが「偶然の一致」という主張を行い、その姿勢をくずすことがなかったためです。また、企画時のタイトルが『The Lion King（ライオン・キング）』ではなく『King of the Jungle（ジャングルの王）』だったことも発覚するなど、ディズニーにとっては不利な状況も発生し始めます。しかし、パクられたとされた手塚プロダクションの側が、このパクリ疑惑の指摘とディズニー側の反論に対して、対抗的な措置や異議申し立てをすることはありませんでした。そもそも、この騒動に当事者として参戦することもなかったわけです。よって、大きな訴訟問題などに発展することもなく、話題は収束しました。

確かに、『ライオン・キング』と『ジャングル大帝』はそのコンセプトを含め、非常によく似た作品です。パクリが疑われてもしかたがないといえるでしょう。結果としては手塚プロダクション側の反論もなく収束しましたが、アニメファンの間ではいまでも「ディズニーのパクリ疑惑」として何かにつけて話題にあがります。

このような結果になった要因としては、そもそもパクられたとされた側の手塚治虫がディズニー映画のファンであり、その影響を強く受けていたことがあげられます。１９８９年に逝去した手塚治虫は『ライオン・キング』が公開された１９９４年にはすでに他界しています。そのため、実際に手塚がどう思ったかは誰も知る術はありませんが、手塚がディズニーに憧れ、それに追いつくために漫画やアニメの制作をしていたことは誰もが知るところです。仮に『ライオン・キング』が『ジャングル大帝』のパクリであったとしても、それは手塚治虫はもとより、手塚プロダクションにとってはうれしいことであり、また、名誉に感じたことであったのではないでしょうか。実際に、手塚プロダクションは「もし手塚本人が生きていたら、『自分の作品がディズニーに影響を与えたというのなら光栄だ』と語っただろう」という声明を出しているぐらいです。

このように、お互いにリスペクトな関係があれば「パクられる」ということは決して周囲が考えるほど、マイナスなことではありません。むしろ、自分が周囲へと与えた影響を実感でき、また、そこから新しい文化が生まれていく可能性のきっかけになるわけですから、「オリジナル」になったことを素直に喜ぶこともできるはずです。その一方で、リスペクトなきパクリ、尊重なきパクリ、仁義なきパクリには取り返しのつかないリスクが伴います。

1996年◉『エヴァンゲリオン』はなぜ、「世界の中心」で愛を叫ぶのか?

タイトルと、その作品がもつイメージだけを利用するようなパクリは非常にたくさんあります。例えば、アニメ『新世紀エヴァンゲリオン』全26話のタイトルは有名な書籍のタイトルや1文、学術用語などからとられているもの、あるいはそれを捩《もじ》ったものが少なくありません。第拾六話のタイトル「死に至る病、そして」はいうまでもなく、哲学者キルケゴールの『死に至る病』(1849年)からとられていることは明らかです。

最終回「世界の中心でアイを叫んだけもの」というタイトルも非常に印象深い言葉ですが、これはもうSFファンには有名でしょう。1969年のヒューゴー賞短編小説部門を受賞したハーラン・エリスンの名作『世界の中心で愛を叫んだけもの』（1968年）です。もちろん、内容はエヴァンゲリオンとはまったく違いますが、庵野秀明監督がハーラン・エリスンを少なからず意識していたことは推察できます。このようなタイトルやキーワード、印象やイメージだけをパクることはよくある手法です。

映画としても大ヒットとなった片山恭一の小説『世界の中心で、愛をさけぶ』（小学館／2001）のタイトルも非常に印象深く、「セカチュー」という略称でも知られるほどの作品になりました。しかしこのタイトルも『世界の中心で愛（アイ）を叫んだ』と酷似しています。私としてはハーラン・エリスンか『エヴァンゲリオン』のどちらかを意識しているように感じますが、みなさんはいかがでしょうか？

2000年 ◉ ユリ・ゲラーがポケモンに101億円訴訟

既存コンテンツを意図的にパクることで、見る人に「なるほど、～をパクったパロディなんだな」と思わせる手法は、パクリ技術におけるもっともポピュラーな手法です。もちろん、悪意やイメージダウンの意図をもってなされる場合であれば話は別ですが、一般的には先行作品の影響力を示すものであり、その事実を否定してオリジナルを主張したり、パクリを隠蔽したり、権利や利益を侵害するようなことをしない限り、パクられる側にしても決して気分の悪いものではないでしょう。むしろパクられる側に利益をもたらすことさえあります。

その一方で、予想外に大きな事件に発展するケースもあります。

その代表例が、世界的なコンテンツ『ポケットモンスター』（任天堂／1996年）、いわゆる「ポケモン」に対して起こった「ユンゲラー裁判」です。「ポケモン」に登場するキャラクター〝ユンゲラー〟はスプーンを曲げる超能力ポケモンとしてデザインされていますが、そのネーミングとスプーン曲げというギミックを考えれば、それが世界的に有名な「超能力者 ユリ・ゲラー」のパロディであることは明らかです。その事実を隠しているわけでも、ユリ・ゲラーに不利益を与えているわけでもありませんので、筆者個人としてはパロディという表現手法の範囲内として、むしろ微笑ましくも楽しいパクリであると感じています。しかし、パクられたユリ・ゲラーはそのようには感じなかったようです。

自分のイメージが勝手に利用されたとして2000年にロサンゼルス連邦地裁に101億円の損害賠償を求める裁判を、発売元の任天堂に起こしたのです。

しかし、この「ユンゲラー」は実は日本だけのネーミングで、アメリカでは「カダブラ（Kadabra）」という名前で発売されていたため、米国法を適用させることはできないため、任天堂の勝訴で終わります。ユリ・ゲラーの訴訟には単なる「勝手に使われた」という強い権利意識だけではない、コンテンツ業界の巨大な権利ビジネスにあるドロドロしたものを感じます。

許されるパクリと許されないパクリ

身近な事例で「パクリの歴史」をかいつまんでみてきましたが、いかがだったでしょうか？今回あげた事例をみるだけでも、有名なコンテンツ、歴史的なコンテンツの中にも多くのパクリがあり、また、それによって新しいオリジナルが生み出されていることがわかります。特に紹介はしていませんが、「2匹目のドジョウ」を狙ったような安易なパクリや、度を越えて明らかに著作権を侵害しているようなものも多数存在していることも忘れてはいけません。

しかし、重要なことは、「パクリ」「パクる」ことそのものが悪いのではなく、どんなパクリであれば許されて、逆にどんなパクリであれば許されないのか？という線引きをどのように見きわめるのか、ということでしょう。この点を理解することが、すなわち「パクリの技法」の第一歩です。

悪意もないのに、あるいはパクっているわけでもないのに、「盗作された《パクられた》！」と主張されるリスクは誰にでも残ります。インターネット時代の今日、そのリスクは日々高まっています。また、対応する人やおかれた状況によって、同じ事例でも事件化する場合とそうではない場合もあります。特に、非合理で、感覚的に理解しなければならないことも多いはずです。一方で、パクリとは、事件化するとこれほど面倒くさいものはありませんが、使いこなすことができれば、これほど強力な武器もありません。ただし、それをわかってはいるものの、なかなかうまくコントロールできないものが「パクリ」の本質でもあります。

このように、うまく付き合うことの難しい「パクリ」について理解し、それをどのようにコントロールしていくのかということ、すなわち「パクリの技法」について、次章から具体的に説明していきたいと思います。

3章 パクリの技法

「パクリの技法」は違法・脱法スキルではない

パクリの技法と聞くと、バレないように盗作をする技法、剽窃して訴えられても裁判で負けない技法……といった印象を受けるかもしれません。もし、あなたが本書に対して「泥棒学校」の脱法カリキュラムのようなイメージをもってしまっているとしたら、それは誤解です。

悪いことをしているのに追及されない、捕まらないための技術が「パクリの技法」ではありません。パクリ、パクることが必ずしも悪いことを意味しないことを理解したうえで、どのようにすれば問題なく既存コンテンツを参考にできるのか、どのような手続きを経れば不正な引用や転載にならないのか、そういったことを正しく身につけることが「パクリの技法」にほかなりません。正しいパクリの技法を身につけることは、創造性を高め、コンテンツの完成度とクオリティを高めてくれます。

逆にいえば、正しい手続きを経ないパクリ、正しい理解のできていないパクリは、大きなスキャンダルや問題を生んでしまうリスクの高い危険な行為です。

このように書くと、「なんでパクったのに、批判されない（できない）の？」と思う人もいるでしょう。

答えは簡単です。

パクリが技術であり、技法であるからです。

それに対して、「ネットから勝手にデザインをパクったクリエイターが、バレて批判されてたよね？」と反論する人もいるでしょう。

その答えも簡単です。それは、その人の「パクリの技法」が未熟だったからです。もし、その人が正しいパクリの知識と高度なパクリの技法をもっていれば、決して批判をされたり、糾弾されるようなことはなかったはずです。

パクリに対する正しい知識と技術があれば、パクリは決して批判されたり、糾弾されたりするようなものではないのです。パクリの技術、パクリの技法を身につけることで、パクったことがバレず、パクリが批判されず、それどころか自らのコンテンツを洗練させ、飛躍させることにさえなるのです。

パクリはなぜバレるのか

パクりこそ、人の創造性を飛躍させる認知メカニズムであることは、第2章「パクリの歴史」でも説明をしました。人類の歴史はパクリの歴史にほかなりません。一方で近年、盗作を含めた「パクリ」が発覚し、大きく社会問題化してしまうような騒動や事件が後を立ちません。昔から盗作やパクリといったことは存在してきたわけで、いまになって急増したわけでもないはずなのに……です。

もちろん、インターネットの登場によって、あらゆる情報が検索可能な状態になったことに最大の原因がありますが、それに加えて、問題（＝パクリ疑惑）が発見された場合に、それを報道機関や法的手段に訴えることなく個人がブログやSNSなどを使って問題を告発したり、見解を主張したりすることができるようになった、という点も大きいでしょう。

実際のところ、やる気になれば著名な作家や有名な作品の中にさえも、それに似ている「何か」を見つけ出すことは決して難しくはありません。インターネットの優秀な検索能力を駆使すれば、いいがかりやこじつけを含め、似ている箇所や類似イメージを探し出すことは簡単です。このため、つくり手を意図的に貶めるために、ひたすら類似を探し回り、匿名掲示板やSNSなどで告発する……という「ネット自警団」といわれる悪質ネットユーザーも少なからず存在しています。

本当に盗作や剽窃を含んだり犯罪性を帯びた「パクリ」である可能性もありますので、すべてが悪質な「ネット自警団」による〝粛正〟であるとはいい切れない面もあります。しかし、インターネット社会、もっと具体的にいえば「SNS社会」「1億総メディアオーナー社会」ともいえる社会的状況になってしまったことが、パクリという、人類にとってありふれた行為を、さまざまな問題、さまざまな事件にしてしまっているように思います。

ネットが高めるパクリのリスク

無許可のパクリや、犯罪性のあるパクリなどは、近年になって急増したわけではありません。

人類の文化史やイノベーションの歴史は、前章「パクリの歴史」でも述べたとおり、常にパクリとともにありました。しかし、かつて（インターネット時代以前）は、仮にそれがパクられたものであったとしても、マニアックなものや無名な作家の作品、あるいは地域的に離れた文化のものであれば、パクリ元を確認することも、探知することも難しく、発覚するリスクはきわめて低いものでした。

さらに、仮にパクリを発見したとしても、それを告発したり、自らの分析の結果を表明したりすることは、難しいものでした。情報を発信するにしても、メディアを個人ではコントロールができなかったからです。テレビもラジオも新聞も、個人の意見を簡単に発信してくれるようなものではありません。

しかし、近年になってインターネットが登場し、ブログ、ＳＮＳといった個人メディアが広く普及する中で、急激な勢いで「メディアの民主化」が起きました。一部の富裕層や権力によって絶対的に支配されてきた宣伝装置＝メディアが、誰しもがコントロールできるものへと変貌したからです。もちろん、テレビや新聞などの「既存メディア」もまだまだ大きな影響力をもっていますが、インターネットはそれに伍《ご》するメディアになりつつあります。少なくとも、２０１７年の日本の広告費総額６兆３，９０７億円のうち、テレビメディアが占めるのは、１兆９，４７８億円で全体の30・４％。それに対し、インターネット広告はその１年前の２０１６年に初めて１兆円を超えたばかりなのに、これまでの最大の１兆２，２０６億円、全体の23・６％にまで至っています。新聞が５，１４７億円、８・１％であることを考えると、その規模の大きさがわかるでしょう。

いまや巨大なメディアになっているインターネットではありますが、その特性がほかのメディアと大きく異なっており、単純な比較はできません。もちろん、その違いが、私たちがどのようにインターネットというメディアに接するのかという違いでもあります。

テレビとネットの違い

規模と影響力こそ、同じ土俵でテレビメディアに肉薄するようになっているインターネットメディアですが、そのコントロール方法はまったく異なっています。「公共の電波」という本来の位置づけを超越し、巨大資本による利権として、大企業が中央集権的に発信するテレビのコンテンツに対して、インターネットで発信されるコンテンツには、個人やそれに類する小企業によるものが大半を占めます。いわば無数の個人レベルの情報源が糾合されて、テレビに伍する影響力を生み出しているのが、インターネットというメディアなのです。

世界中の個人（レベル）がコンテンツホルダーであり、情報発信者が無数に接続し合い、相互に行き来したり、検索したり／されたりすることでメディアとしての影響力を生み出しているインターネットは、まさに個人メディアそのものです。

そして、無数の個人がつながって構築された巨大メディアであるインターネットは、世界から図書館や書店をなくしてしまうかもしれないおそろしい存在でもあります。

ネット上にあふれる「フリー」の落とし穴

今日、ネットにあふれる著作権フリーのデザイン素材などの中には、商用利用の場合でさえ無償であるものもめずらしくありません。権利関係が明確に示されていない状態で写真や図画像、イラスト、デザイン素材が公開されており、画像検索を利用すれば、キーワードから、それらに関連する画像が山ほど出てきます。キーワード検索から類推される関連検索などを繰返していけば、ほぼ思いどおりのデザイン素材に行き着けるかもしれません。

インターネット登場以前の社会であれば、書店や図書館に本を探しにいくか、ギャラリーや美術館などで実物を見るかしか方法がありませんでした。しかし、いまや自室にいながらにして、自由に、そして多様に検索できて、多くの場合で無料で閲覧できてしまうのですから、こんなに便利なことはありません。

一方で、インターネットで検索可能な作品は、図書館や美術館のように、有名作品や著名作品、特定分野のものばかりではありません。商業化や売買、売名行為を目的としていない、まったくの個人の趣味で公開しているようなものも無数にあります。インターネット以前であれば、知ることさえできなかったそれら無数の作品群に触れることのできる機会は、クリエイティブな活動にとって革命的な有益性をもたらしました。

しかし、検索し、アクセスできる情報がすべて正しいとは限らない、という点がインターネットの利便性と引き換えに私たちが引き受けねばならない最大のリスクでもあります。権利者以外の第三者が勝手に撮影したり、コピーしたりしたものが、許可なく公開されている場合も少なくないからです。権利者や作者の意図していない状態で流通していることもあります。漫画の海賊版サイトとして問題になった「漫画村」などがその典型です。

ほかにも、著作権フリーのはずのオンライン百科事典「ウィキペディア」でさえ、権利者のいる文章や画像、写真などが浅はかな編集者・執筆者によって無許可で転載されていたり、不正確に引用されていることもあり得るのです。必ずしも悪意があるものばかりではなく、認識不足で違法なことをしてしまっている場合もあるでしょう。「ウィキペディア」の利用でさえ、リスクが伴うのです。

無許可で「ウィキペディア」に掲載されていたものを利用した結果、それが違法なパクリであることが発覚し、転載した責任を追及された事例もあります。「ウィキペディア」には内容検討や権利チェックなどをする編集者たちも存在していますが、そのチェックスピードがウィキペディアの肥大化に追いついているとは思えません。

「ネット＝フリー（自由・無料）」という都市伝説

また、インターネット検索で発見したコンテンツは、少なくとも見ることができている以上、原則として無償で閲覧することが可能です。そして、この部分にも大きな落とし穴があります。

それは、無料で自由に閲覧できるからといって、二次利用や流用・複製が自由に、無許可で、無料でできるわけではない、ということです。

「あたりまえじゃないか」と思われるかもしれませんが、意外とこれを理解できていない人は少なくありません。それどころか、いけないとわかっているにもかかわらず、「ネット＝フリー（自由・無料）」という〝都市伝説〟に惑わされ、大きな事件や問題に発展させてしまっている人が非常に多いことに驚かされます。

90年代のインターネット黎明期《れいめいき》のころは、「インターネット＝アングラ（非合法・裏《アンダー》／反社会的空間《グラウンド》）」という状況が確かにあり、いわゆる知的財産権の無法地帯になっていました。例えば、現在ではおよそ目にすることのなくなった「Warez」（ウェアーズ。通称ワレズ。違法にコピーされてインターネットの、いわゆるアングラサイトで配布されたり、販売されたりしていたソフトウェアや、その取引がなされているウェブサイトのこと。Warezのローマ字読み「ワレズ」から、違法コピーされたソフトウェアを「割れ物」ともいわれるようになる）を紹介している雑誌なども数多く発売され、なかには違法ダウンロードの方法などをレクチャーする書籍なども存在していたことを考えれば、当時のインターネットというものが、いかにアングラ市場であったのか、ということがよくわかります。

しかし今日、インターネットが人々の生活にとって不可欠なものとなり、法律や罰則規定を含め、社会倫理・ユーザー倫理が急速に整備されていく中で、いかにインターネットであるとはいえ、明らかに違法性がある、明らかに非倫理的であるものが公然と公開されるようなことはなくなりつつあります。

それでもなお、私たちの中には、「ネット＝アングラ」という先入観にも似た認識があり、「ネット＝フリー」という思い込みが根づいています。ネットの世界にも既存メディアと変わらぬルールとコンプライアンスがあり、ネットコンテンツも普通の書籍や絵画や音楽と変わらぬ権利で守られているという現実を忘れてしまうのです。

ネット上のお宝は誰もが発見できる

そのような「ネット＝アングラ」といういささか時代遅れな認識や、「ネット＝フリー」という現実とはほど遠い思い込みが引き起こす典型的な現象といえば、「ネット上で、お宝を見つけ出す」という錯覚です。

検索技術を駆使すれば、ネット上からつくり手の参考になるようなコンテンツが山のように見つかります。つくり手が参考にするもののほとんどは、著名人の作品でもなければ、有名なコンテンツでもありません。ごくごくありふれた無名の個人たちが、ブログやSNS、あるいはホームページなどを利用して公開しているにすぎないものばかりです。もちろん、参考にならないクオリティの低いものだってたくさんあるはずです。しかし、そういった無名の個人や作品群が無限に積み重なることで、巨大なデータベースをつくり上げ、有名な芸術家やその作品を集めた書店、図書館や美術館をも凌駕するような「参考書」になっていることが、インターネットの本質にほかなりません。当然、そこには無限の素材があるわけですから、自分の創作活動でぴったり参考になるようなものだって存在するはずです。アイデアの参考になったり、想像力を喚起したりする素材は、ネット上にあふれています。実際、検索を駆使して、意外な「お宝」にめぐり会えたときはうれしいものです。そしてそれを密かに参考にしつつ、パクリ、自分のアイデアの中に取り込むことで、より自分のオリジナリティの新鮮さを増すことに貢献させることもめずらしくないでしょう。

と、ここまではよいのですが、この先は注意が必要です。検索を駆使してめぐり合ったマニアックな素材だから、自分以外の誰も見たり、使ったりするような人はいないだろう、デザインとは直接関係のない個人のブログで掲載しているようなものなのだから、自分が勝手に使ったって問題はないだろう。プロではない製作者に、いちいち許諾をとるのも面倒です。

しかし、そんな軽い、そして甘い考えが、大きな落とし穴なのです。

ネットで検索可能なものは、「自分だけが検索できる、お宝の山」ではありません。すべての人がアクセス可能なのです。自分だけが見ている「お宝の山」など、ネット上には存在しないのです。そもそもネットコンテンツのほとんどがフリー（自由・無料）ではありません。

インターネットにおいて、自分が検索可能なコンテンツ、自分が到達可能な場所は、理論的には、ネットを利用している誰もが検索可能で、到達可能であるという事実を忘れてはいけません。しかし、その事実を多くの人が、ときに有名なデザイナーでさえもが忘れているのです。

文章をパクる技法——パクリ疑惑を回避するための絶対ルール

既存のコンテンツや文章などをパクること自体が悪いわけではありません。パクリなきコンテンツ、パクリなき文化などは、人類の文化史上でほとんどないことは本書で繰り返し述べてきました。しかし、パクったことが問題になり、訴訟を起こされたり、損害賠償を請求されたり、あるいは、法的な問題が仮に回避できたとしても、道義的・倫理的・社会的な責任を追及されたりして、パクったことで社会人生命を失ってしまう人は後を絶ちません。

その理由は、パクリのルールが守られていない、ということと、パクリの技法が未熟であるということに尽きます。「引用した」「参考にした」ということ自体は悪いことではありませんし、それが正しいルールを踏まえ、しかるべき手続きを経たものであれば、批判されることではありません。誰もが多かれ少なかれ、何かを「パクって」いるはずです。

重要なことは、誰もがパクりながら、自らのコンテンツの完成度を高めているという事実を受け入れることです。それができないと「これぐらいなら許される」「この程度は引用の範囲だ」などというような都合のよい自己解釈を繰り返すようになり、いつの間にか悪質なパクリ、違法なパクリへと手を染めてしまうことにもなりかねません。

今日のパクリ問題、無断盗用問題の多くは、そんな「感覚の麻痺」が大きな要因になっています。自分がパクっているという現実を受け止め、パクリ元へ尊敬の念をもって、正しい手続きでパクることが重要です。

では、いよいよ具体的な事例をあげつつ、パクリの技法について説明をしたいと思います。

まず、パクるうえで絶対に不可欠な2つのルールがあります。これらを怠ると、それがどんな場合であれ、違法性を帯びてきます。したがって、これらはもっとも重要な「絶対ルール」といってもよいでしょう。

絶対ルール1 ◉ 引用や転載は出典を明示する

これは、ネット以前から存在している、パクるうえで不可欠なルールの基本中の基本です。自分が書いた文章の中に、出典を示すこともなく他人の文章をあたかも自分の文章のようにして付け加えるということは、多くの人が油断をするとやってしまいがちです。どのような状況であれ、引用や転載をする場合は、必ず出典の明記をしましょう。

もちろん、それが私的に利用されるものであったり、きわめて限定的な場面で利用される非公開なものであれば、出典を明示する必要はないかもしれません。

それでも、自分以外の、1人以上の誰かに配布する可能性があればそれがそのままリスクへとつながりますので、いかに限定的に利用される文章であったとしても、オリジナルの所在を明示すべきです。他人の文章の一部または全部を、自分で書いたオリジナルであるような印象を与える「見せ方」はすべきではありません。

何よりも自分がつくっていないモノを自分のモノと思わせるように「自分以外の誰か」に示すことは、ものづくりの観点からみれば、道義的に絶対に許されるものではないからです。そして怖いのは、一度、出典を明示しないスタイルや癖が身につくと、絶対に許されないような場面でも思わず、やるようになってしまうものです。

▼「引用」と「孫引き」

引用や転載の場においてよく目にするのが、「孫引き」です。「孫引き」とは、既存のコンテンツより引用・転載されている文章から、原典を確認することなく再び引用・転載してしまうという手法です。原典《オリジナル》を確認せずに原典から引用したかのごとく、原典ではないコンテンツを出典として再引用するわけですから、問題は少なくありません。

例えば、原典を確認していない以上、引用している内容や文言が間違っていないとは限りません。また、原典のままのようにみえて、実は読みやすいように若干の修正などを施している場合もあり得ます。古い文献などで文章表記や漢字などが旧様式になっている場合に、それを現代語に置き換えているようなケースです。純粋に引用・転載ミスもあるでしょうが自分の考えを正当化するために、意図的に前後の文脈を無視した引用をしているような場合もあるでしょう。そして、文章全体から一部だけを抜き出すと、本来の趣旨とは真反対の内容になってしまうことはしばしばです。逆に、意図的にそれをすることで文章の印象を操作するテクニックでもあります。

そのようなものを原典を確認することなく引用してしまったとしたらどうでしょうか。本来の著作者の、本来の意図や意味とは違った内容で引用してしまう危険性すらあります。

つまり、原典を確認せず孫引きをするということは、引用・転載といいながらも、引用や転載として成立していなかったり、正しい利用になっていないリスクがあるわけです。もちろん、原典が見つからない場合もあり得ます。よって、孫引きする際には、自分が参考にした一次引用の資料の信頼性にも注意を払わなければなりません。

引用と孫引きを具体的な事例で示します。筆者の勤務する東洋大学のウェブサイトから大学紹介の文章を引用した場合と孫引きをした場合の事例を比較してみましょう。左は引用される側、すなわちオリジナルの文章です。この文章は実際に東洋大学の公式ホームページに掲載されているものです。ここから架空の引用文献、孫引き文献をつくっていきます。

【オリジナル文章】

東洋大学は、明治20（1887）年に井上円了により「哲学館」として誕生しました。明治22（1889）年に校舎を新築、その後火災のために移転した哲学館は、明治36（1903）年に専門学校令により「私立哲学館大学」となり、井上円了の退隠後に財団法人となり、明治39（1906）年に「私立東洋大学」と改称されます。

（出典　http://www.toyo.ac.jp/about/Introducing/act/）

この原典を引用して、架空の文章を書いてみます。山田五郎氏（仮名）が２０１６年に出版した『東洋大の歴史』とでもしておきましょう。まずは通常の引用方法です。原典から抜き出した文章を自分の文章の中に原典の引用元を明記した上で、埋め込んでいます。

【オリジナル文章を引用した文章】

東洋大学の歴史について、同大学のホームページでは次のように述べられています。

「東洋大学は、明治20（１８８７）年に井上円了により「哲学館」として誕生しました。（中略）明治36（１９０３）年に専門学校令により「私立哲学館大学」となり、井上円了の退隠後に財団法人となり、明治39（１９０６）年に「私立東洋大学」と改称されます。」（http://www.toyo.ac.jp/about/Introducing/act/）

このように、創立から１３０年以上、「東洋大学」という名称になってからも１００年以上の歴史をもっているのが、東洋大学です。

出典元を明記したうえで、ちゃんと原典から引用していることがわかりますが、このケースでは著者の山田五郎氏にとって不要と感じられた文章の一部が（中略）として削除されています。もちろん、引用のしかたとして、まったく問題ありません。

このように原典のオリジナル文章から抜き出し、それを自分の文書の中に引用であることを明示しつつ入れ込むことが正しい引用です。

それに対し、原典のウェブサイトにあたることなく、オリジナル文章を引用した文献から当該箇所を抜き出してしまう方法が「孫引き」です。

それでは「孫引き」の事例を作成してみます。

【間違った孫引き】

本論文では、まず東洋大学の簡単な歴史について説明します。

「東洋大学は、明治20（1887）年に井上円了により「哲学館」として誕生しました。（中略）明治36（1903）年に専門学校令により「私立哲学館大学」となり、井上円了の退隠後に財団法人となり、明治39（1906）年に「私立東洋大学」と改称されます。」（引用：http://www.toyo.ac.jp/about/Introducing/act/）

この文章から、初期の東洋大学が「哲学館大学」であったことがわかります。

この「孫引き」の文書は典型的な「間違った孫引き」です。なぜ間違えているのか、わかりますか？

一見したところ原典から直接抜き出した「引用」と違いはありません。そのため正しい手続きによる「引用」文章のようにみえますが、実際は原典を確認していない孫引きの文章です。そして「孫引き元」になっている引用文で処理された「(中略)」がそのまま生きている点が「間違った孫引き」としてのポイントです。「(中略)」部分にあなたが書いた文章に反するような記述があるという可能性も否定はできないからです。

実際には原典を読むことなく、引用された限定的な文章から抜き出しているにもかかわらず、それを明示しないばかりか、あたかも全体を読んだかのごとき書きっぷりです。もしこのような記載をしておいて、オリジナルとの不整合の指摘がなされ、孫引きであることが発覚したらどうなるでしょうか？　著作者および著作としての信頼性は著しく低下するはずです。

テクニックとしての孫引き

「孫引き」は一般的には「恥ずかしい行為」として認識されますが、それでも必ずしも絶対にやってはいけない、というわけではありません。原典にあたりたくてもあたれないような場合、つまり、孫引きを通してしか言及できない、というケースもあるからです。しかし、そうであったとしても、孫引きをさも正式の「引用」であるかのように記載してしまうことが不正なテクニックであることに違いありません。つまり、書き手、つくり手にとって、「孫引き」とは信頼性と利便性を天秤にかけた非常にリスキーな行為なのです。

そのようなリスクを被らないための「リスクを回避した孫引き」の方法があります。具体的に「リスクを回避した孫引き」の事例を作成したいと思います。

【リスクを回避した孫引き】

本論文では、まず東洋大学の簡単な歴史について説明します。東洋大学研究家の山田五郎氏は著書「東洋大の歴史」の中で次のように書いています。

「東洋大学の歴史について、同大学のホームページでは次のように述べられています。『東洋大学は、明治20（1887）年に井上円了により「哲学館」として誕生しました。（中略）明治36（1903）年に専門学校令により「私立哲学館大学」となり、明治39（1906）年に「私立東洋大学」と改称されます。』このように、井上円了の退隠後に財団法人となり、創立から130年以上、「東洋大学」という名称になってからも100年以上の歴史をもっているのが、東洋大学です。」（山田五郎『東洋人の歴史』東洋書籍、2016、p.12）

文章を引用する際に、付記された導入文と出典表記を含めて引用してしまうというテクニックです。引用された箇所を含めた、先行引用者の文章をまるまる引用するわけです。

もちろん、これによって、仮に何か間違いが発生した場合や、孫引きであるがゆえに発生する責任を完全に免れるわけではありませんが、それを負うリスクは大きく軽減します。おそらく「原典を確認していないんだな、この文章」と思われて、少々下に見られる……という程度で収まるはずです。もちろん、そのように思われるだけでも、文章を書く、世間に公表する人にとっては大きなマイナスなので、仮に孫引きをするにしても、できる限り原典にあたる、ということを心がけるべきです。

絶対ルール2◉正しく引用や転載を行う

出典さえ明記すれば、引用や転載はなんでも許される、というわけではありません。ここにも注意が必要です。出典を明記することで、どのような引用や転載も許されてしまえば、著作権のシステムは崩壊します。既存の著作物をまるまるコピーして、それに出典を付記することで、「無断複製《コピー》ではなく引用」「出典明記をした転載」と主張するようなことは許されるはずがありません。

そこで必要になるのが、それが複製やコピーではなく、あくまで「引用」や「転載」であることの理由です。いいかえれば正しいルールにもとづいて引用や転載がなされているということです。つまり、出典の明記がもっとも重要ですが、それ以外にも次のような条件を満たす必要があります。

▼引用箇所とオリジナル箇所の主従関係の明確化

〝主従関係〟とは、1つは「分量(文字数)」です。引用箇所の分量が多く、オリジナル文章の箇所が少ないようなコンテンツは、「引用」とはいいながらも、その主従関係が逆転しています。どの程度の分量の割合であれば「引用」を超えるのか、主従関係が逆転するのか？という質問に対して明確な規定が定められているわけではありませんが、一般的には全体における10％程度までと考えたほうがよいでしょう。ただ、引用が全体の10％＝1割というのは、少ないようにみえても、引用される例からすれば非常に多い印象をもちます。もちろん、古文や歴史文献、海外文書を検証したり、訳しながら書いたような文章であれば、必要に応じ、かなり多くの部分で引用や転載が必要になることもあります。そのような例外を除けば、全体の10％というのは、多いどころか、引用の限界値とみるべきです。

東洋大学のホームページに掲載された「大学紹介」の1文を利用して考えてみたいと思います。

【引用を利用した文章の例①】

東京都にある東洋大学の設立経緯は東洋大学ホームページに以下のような説明されています。

「明治20（1887）年に井上円了により「哲学館」として誕生しました。明治22（1889）年に校舎を新築、その後火災のために移転した哲学館は、明治36（1903）年に専門学校令により「私立哲学館大学」となり、井上円了の退隠後に財団法人となり、明治39（1906）年に

「私立東洋大学」と改称されます。昭和3（1928）年には大学令により文学部を設置する大学となりましたが、昭和20（1945）年の敗戦により新制制度に切り変わりました。」（東洋大学ホームページより）

東洋大学の歴史は明治にまでさかのぼり、大学としては日本最初期の大学の1つなんですね。実は意外と古い歴史をもっていることがわかります。

「東洋大学は昭和24（1949）年に文学部から新たなスタートをきり、現在、文学部、経済学部、経営学部、法学部、社会学部、生命科学部、食環境科学部、ライフデザイン学部、理工学部、総合情報学部、国際学部、国際観光学部、情報連携学部の13学部と、大学院18研究科を擁する総合大学となりました。それに伴い、キャンパスも白山をはじめとし、川越、朝霞、板倉、赤羽台の5つのキャンパスをもつに至りました。」（東洋大学ホームページより）

設立から120年以上経った今日、13学部もある東洋大学。文系大学の印象が強いですが、実は理工系の学部も複数あるのですね。

出典も明記していますし自分の文章をコメントとして入れてはいますが、優に10%を超えるような分量を引用しており、主従関係が逆転しています。

主従の問題は、分量だけではありません。意味や内容的においても、主従関係が逆転しているような場合は、引用の分量がたとえ多くなくても、「引用」を逸脱しているとみなされます。具体的には、研究論文などの場合で、その論文の核となるアイデアやオリジナリティとなる部分が「引用」であれば、分量に関係なく、主従関係が逆転していることになります。

▼引用の必要性

「引用」とは、その文章や資料において引用することによって文章がより正確になる、あるいは文章や資料を成立させるために不可欠であるからこそするものです。したがって、内容と無関係な引用する必要性も必然性もない引用は、合理的に判断して引用ではなく、単なる無許可のコピー、いいかえれば盗用にあたる危険性があります。

例えば、単行本のような著作物では、各章の前後などに1ページ程度の「コラム」が挿入されているデザインをよくみます。この場合、分量的には、200ページ10章構成の本だとしても、その分量は最大10ページ。5％でしかありません。分量でみれば引用の範囲内です。しかし、出典の明記をすれば、好き勝手に1ページのコラムを方々の著作物から引用してきて、自分の著作の一部として組み込んでよいわけではありません。そこには、そのコラムを掲載する必要性や必然性が求められます。引用の必要性・必然性とは、作成する文章の中でやむを得ず、その理解を助けるために、第三者の著作から必要不可欠な部分を利用せざるを得ない場合に限られます。

美術作品の批評などをする場合は、作品の画像を掲載しなければ論述も難しく、また、その作品の画像がなければ読者は理解することができません。引用しなければ、美術作品の批評・論文として成立しません。このような場合にはじめて、引用しなければならない必要性と必然性が生まれます。

▼引用・転載箇所は原典《オリジナル》を改変をしない

引用されている箇所とは、いわば「資料」です。文書を構成する「パーツ」ではあっても、自分が執筆した文章でも、その一部分でもありません。したがって、引用や転載の箇所はあくまでも「引用」や「転載」された原典資料のままが保持されなければなりません。

つまり、誤字脱字などを含めて、第三者である引用者が、たとえ善意であっても、修正や訂正を含めた「改変」をすることは許されません。原典資料に修正や訂正を加えてしまえば、「資料改ざん」にもなりかねません。科学論文における実験データの改ざんと何ら変わることのない行為になってしまいます。

ジャンルにもよりますが、書く文章、制作するコンテンツによっては、大幅な改変が必要となり、それによってオリジナリティやクオリティが高まることも十分にあり得ます。そのような場合は、もはや「引用・転載」ではないと考えて、自分の文章における引用や転載の方法や扱い方あるいはその位置づけ自体を見直すという必要があるでしょう。

例えば、引用・転載ではなく、「参考」とし、それをもとにして大幅に改変を施した「インスパイアである、リメイクである」ということを明示してつくり直すわけです。そういった場合は、引用や転載として単純に出典元を記載するのではなく、自分の文章がリメイクであり、創作の演出上、必要な「編集」や「リライト」を行ったことを明示し、その事実を読者が理解できるように処理を施します。

ただし、「参考」という方法は、参考にする人の道徳心や善意によっています。なぜなら、文章表現の一部にコピペ的な一致でもない限り、内容の類似に対して「偶然の一致」を主張することも可能であるからです。

このため、参考にしたにもかかわらず、あえて見てみぬ振りを決め込み、参考文献として明示しなかったり、先行事例・類似事例として言及したりせずに、「自分がオリジナルである」と書いてしまう人も多く目にします。

「参考」の位置づけと考え方

原典資料や先行コンテンツを参考にしつつ、独自のコンテンツをつくり出す手法は決してめずらしいものではありません。それは内容だけではありません。登場人物やタイトル、あるいはコンテンツを構成する一部や、象徴的な箇所を用いたり、あえて既存の有名シーンの一部を連想させるように表現するといった、テクニックも利用されます。もちろん、その前提として、先行コンテンツへのリスペクト（尊敬）が不可欠であることはいうまでもありません。

わかりやすい事例をあげます。藤子・F・不二雄原作の『ドラえもん』の長編漫画・劇場アニメの名作『ドラえもん のび太の宇宙小戦争（リトルスターウォーズ）』（東映／1984〜1985年）の全編を貫く印象は、その名のとおり、ハリウッド映画『スター・ウォーズ』そのものです。一部にオマージュとして重なる描写もあり、ドラえもんファンならずとも、『スター・ウォーズ』ファンも楽しめる作品に仕上がっています。作品が発表された1984年は、『スター・ウォーズ／ジェダイの帰還』（20世紀フォックス／1983年公開当時は「ジェダイの復讐」）が大きな話題となっていた時期です。また、本作では『ガリバー旅行記』の小人の国（リリパット）の設定も利用されています。

大きな枠組みであれ、小さなディティールであれ、「わかる人が見ればわかる」という手法は、よく使われる代表的なパクリの技法ですが、隠しているわけでも「バレないだろう」と考えているわけでもなく、むしろ「バレる（わかる）ことで楽しみ方が増す」という考え方であり、人のアイデアをこっそり盗もうとしている場合と違って、パクられる側も不愉快には思わない場合が多いはずです。

例えば、メジャー路線や大衆迎合をしない作風で知られる漫画家・諸星大二郎は、多くの漫画家や作家からその作品を参考にされていることでも有名です。一方で、諸星自身もまた、同じように細かいディティールの部分では、既存のSF作品などを参考にすることで、作品としての深みと楽しみを増しています。

1974年に発表された読み切り漫画『夢みる機械』（集英社）では、社会に疑問をもつ主人公の少年のよき理解者として、「渋川立彦《しぶかわたつひこ》」という人物が登場します。メガネにパイプを加え、「市井の哲学者」と名乗って、大学や研究機関に所属することなく思索にふけり、少年の相談相手になることを楽しむ。そんな渋川立彦の風貌や生き様は、アンダーグラウンドに徹した評論家・澁澤龍彦《しぶさわたつひこ》を彷彿《ほうふつ》とさせます。

諸星という流行に背を向けた漫画家が、マルキ・ド・サドの翻訳で知られるアンダーグランドの巨人・澁澤を参考にしていることに気づける読者は、それに気づくことのできない読者よりも、本作からより多くの楽しみやメッセージを受け取ることができるわけです。

混ぜれば安全？

よく、ライターや、編集者らがこのようなことを話すのを耳にします。

「同じテーマ（内容）の3つぐらいの記事を混ぜてしまえば、パクったことがバレずに、1つの記事が生み出せる」

例えば、ある健康法があるとします。その健康法に関して検索し、3つぐらいの記事をもとにして、1つの記事をつくり上げます。すると、既存記事を参考にしただけで、取材や検証すらしていないにもかかわらず、あたかもその健康法を紹介するオリジナルのように感じられる記事ができ上がるというのです。参考元などを示すことなく、そして、既存記事を参考にしたことがバレることもなく、オリジナル記事を生産することができるというわけです。

これは、速報性が高まっているウェブメディアでは、非常に顕著にみられるテクニックです。1つのニュースや話題がメディアに載るスピードは、新聞であっても最速で1日、週刊誌であれば1週間は必要でしたが、メディアがウェブ化し、速報としてすぐに記事がインターネット上に拡散してしまう今日、それらをチェックしてまとめるだけで、取材や調査をすることなく、本来のオリジナル情報源とほとんど時間差なく「オリジナルのニュース」として発信することができてしまいます。

このような方法自体は、いまに始まった話ではありませんが、インターネットニュースが多くの人にとって、報道や社会情報を得る最大の情報源になっている今日、メディアの信頼性という観点から、非常に大きな問題を内包しています。

キュレーションメディアは健全?

2000年代に入って誕生し、急速に普及した「まとめサイト」(キュレーションメディア)と呼ばれるウェブサイトの様式は、情報提供者たるウェブメディアの側が、一次情報にふれたり、実際的なオリジナルをつくり出すことなく、いわば「他人のコンテンツを寄せ集める」というキュレーション(インターネット上の情報を収集し、分類し、まとめること)だけで、オリジナル情報源以上のアクセス数や話題性、影響力を保持するという逆転現象を生み出しています。

しかし、キュレーション、キュレーターなどと、おしゃれで煙に巻いたような横文字ワードを利用することで、なんとなく新しい情報様式、なんとなく新しいメディア様式を感じさせるものの、その実態はネット上のコンテンツの無断利用である場合がめずらしくありません。

このようなサイトが次々とできる背景にあるのは、ウェブメディアに求められる情報配信のスピードが顕著に加速しているからにほかなりません。新聞やテレビ、雑誌のように、情報発信のスケジュールが定められ、読者・視聴者の側が、提供されるのを待つといったしくみと異なり、できる限り早いスパンで、継続的に情報を発信することでアクセスの頻度を高め、それを習慣化させ、影響力と知名度を高めていくことがウェブメディアには求められています。

よって、ウェブ記事にはキュレーション的な手法、すなわち既存記事の焼き直しにちょっとしたコメントを加えただけの「エセ一次情報」は少なくありません。さらに、それだけではカバーできない情報の更新速度、配信スピードを求め、ニュースにならざるニュースを無理やりニュースにする、という方法さえとられているのが今日のウェブメディアがおかれた現状ではないでしょうか。

テレビ番組へのツッコミ記事?

「エセ一次情報」の典型例といえば、テレビ番組の内容に突っ込む、という近年多発しているタイプのウェブ記事でしょう。それは「テレビ番組へのツッコミ記事」ともいえるものです。

その手法は、テレビ番組（主にバラエティ番組）の中で発した、タレントやスポーツ選手などの発言ややり取りを抽出し、それをあたかも「取材発言」のように書き、ニュースとして配信してしまうという方法です。芸能取材やインタビューなどをせず、番組を見たライターがそこでなされた発言の一部を取り出し、適当なコメントとともにニュースにしてしまう、という非常に荒っぽい手法です。しかも、その番組の中で人気歌手が引退宣言をしたとか、事件性のある爆弾発言をしたわけでもなく、台本や演出である可能性が高い「発言」を取り上げて、あたかもニュース性があるかのごとく記事にして、配信をしているだけなのです。しかし、この方法はいまやウェブメディアの主要な情報発信手法の1つになっています。

これまでも、テレビ番組やテレビメディアへの批評や評論はさまざまに存在してきましたが、今日散見されるウェブメディアの「テレビ番組へのツッコミ記事」のほとんどは、そういった番組批評、芸能評論とも異なり、批評や評論といった体をなしていません。独自の見解などはほとんどなく、テレビ番組の内容と記事の主従関係も完全に逆転しています。現在を代表する悪質な「パクリの技法」の1つといえるでしょう。

皮肉な話ですが、テレビ番組の一部分を抜き出し、コメントや解説らしきものを付け加え取材努力をすることなく、「ニュースらしきものをつくり出す」という意味では非常に有効なテクニックです。この手の記事を量産することを生業とするWEBライターも存在しています。

エセ《フェイク》一次記事をつくる

既存の一次記事をもとにして、直接取材や調査の手間をかけることなく「エセ《フェイク》一次記事」をつくり上げるテクニックは、プロのライターや編集者であれば比較的手軽でしかも、道義的な問題こそあれ、リスクの低い方法です。とはいえ、複数の記事を合体させて1つの記事を矛盾なくつくり上げたり、テレビ番組の中から記事になりそうな発言を見つけ出し、文章として編集したりするためには、やはり多少の手腕が必要です。場合によっては、一から自分で書き上げたほうがはるかに楽な場合だってあるかもしれません。

そして、もう少しテクニカルに既存の文章をパクリ、新しくもう1つの文章をつくり出す技術があります。その技術を使えば、少ない労力で、より楽に、新しい文章をつくり出すことができるだけでなく、第三者から「お前の文章は剽窃だ!」などと追及されたり、オリジナリティを疑われたりするリスクも軽減できます。また、複数の文章を融合させたり、テレビ番組を見たりする手間も必要ありません。

その方法は、「1つの記事をもとに、もう1つの別のオリジナル記事をつくり上げる」というテクニックです。このテクニックについて説明したいと思います。

まず、以下が情報源になっているオリジナルの一次記事です。２０１８年6月18日に配信された時事通信の報道記事の一部です。

スウェーデンのストックホルム国際平和研究所（ＳＩＰＲＩ）は18日、世界の核軍備に関する最新報告書を発表し、米英仏中ロにインド、パキスタン、イスラエル、北朝鮮を加えた9カ国が保有する核弾頭の数が、今年1月時点で計約1万４４６５発だったと明らかにした。前年より４７０発減ったものの、各国とも既存核兵器の近代化と新たな核システム開発を進めているという。
（２０１８年6月18日「時事通信」配信記事　https://www.jiji.com/）

これをこのまま無断で転載したり、一部をコピペしたりしてしまえば、当然、違法行為となります。

しかし、記事の全部、あるいは一部でネット検索をしてみてください。ブログやＳＮＳなど、多くの私的サイトで転載・引用されていることがわかります。ニュース配信社や新聞社の記事を転載するには、それらに支払う使用料、または転載料という費用が発生するはずですが、これらの記事を掲載している個人のブログやＳＮＳアカウントがきちんと手続きをして、費用を支払っているとは思えません。商業利用ではない、私的ブログである、という前提から、黙認されているということが実態でしょう。しかし、違法であることに変わりはありません。

さて、この時事通信の記事を、違法な転載や引用、あるいは事実上のコピーとみなされないように「パクる」にはどうすればよいのでしょうか？　独自の取材やアイデア（すなわち生み出す労力）を使うことなく、既存の素材だけでどうやって「パクリとは思われないもう1つの文書」をどう生み出すのでしょうか？　具体的なテクニックをあげて見ていきたいと思います。

エセ《フェイク》一次記事のテクニック

「エセ《フェイク》一次記事」をパクリとは思われないようにつくり上げるための基本テクニックはたった2つしかありません。それも非常に簡単で多少の経験を積めば誰でもがすぐに実践可能なものです。

① ネット検索からの回避

オリジナル文章を経由して、ネット検索でひっかからないように編集（加工）を施す、という手法です。これが基本中の基本です。内容や意味的な類似などは検索とはほぼ関係がないので、あくまでも検索サイトで類似として抽出されないようにすることを目的とし、「文字の並び」を違和感なく、変更・加工します。

例えば、連続した文章や、ほかの記事にはないような特徴的な表現や用語、あるいは他媒体にはない独自の情報源などをそのまま載せてしまえば、パクリ元や情報源が検索結果として表示される可能性は格段に高まります。著作者やメディアの側は、今日、常に自分たちのコンテンツが無断転載・引用されていないか監視したり、ネット上でのリアクションを捕捉しているので、ちょっとネット検索したぐらいで合致するような状態では、「違法転載をしました！」と宣言しているようなものです。

ただし、ここでもさらに注意が必要です。最近の人工知能《AI》システムの高度化、実用化に伴い、あいまい検索や誤字検索、類似検索から原文一致を行うような技術も登場しています。例えば、「北」というキーワードで検索をかけると、「東西南北」だけでなく、「朝鮮半島」や「北朝鮮」といったニュースやコンテンツも検索結果に表示されてしまいます。つまり、ちょっと単語の使い方や表記を変えたぐらいでは、結果として検索されてしまうのです。そこで表示された記事が閲覧され、「あれ、これって〜の記事と同じじゃない？」と思われれば、それは結果的にパクリを疑われることになります。

しかし、重要なことは、あくまで、記事が検索された際に、パクリ元が類似文書として表示されないように加工する、という意味です。決して「自分のコンテンツをネット検索をさせない」という意味ではありません。「メタタグ」など、検索されることを防ぐプログラムを埋め込んでしまえば、検索されたくない、後ろめたい文章であるということを宣言しているようなものです。そんなことをしてバレてしまえば、かえって批判を生み、追求は強まります。

実際、不都合な文章を検索されないようにプログラムレベルで回避させたことで、国民的な批判へとつながった事例は、大企業でも少なくありません。

例えば、2018年8月に発覚した朝日新聞による「慰安婦記事の検索回避問題」はその1つです。この騒動は、朝日新聞の従軍慰安婦の関連する英文記事2本について、インターネットで検索できないように、メタタグが記載されていた、という問題です。ウェブのコンテンツには、「nonindex」「nonfolow」「noarchive」といったタグを書き加えることで、ネット検索を回避させる設定が可能です。朝日新聞の2本の当該記事にこれらのタグが埋め込まれ、検索ができない状態になっていたのです。朝日新聞は事件発覚後、2018年8月27日に「朝日新聞デジタルの記事に『検索回避タグ』が設定されているとのご指摘について」といった弁明を掲載し、メタタグがあくまでも「設定解除作業のもれ」であり、単なる「作業ミス」であるとしました。

その説明の真偽や是非はさておき、その記事が、かつて朝日新聞が報じていた「従軍慰安婦の強制連行」に関する報道の「取り下げ記事」であり、報道機関としては消すに消せない読まれたくない、といった類のものであっただけに、報道姿勢を疑われるような疑惑へと発展していきました。

ネット検索の結果を合致させないようにすることと、ネット検索自体を回避させることはまったく違うのです。

② 書き換え・置き換えの技術

少し言葉や表現を変えたぐらいでは検索もされてしまいますし、そもそも読んだ人が「似ている」「パクリだ」と感じてしまいます。そういった印象を与えてしまえば「パクリだ、盗作だ」と騒ぎ立てられたり、指摘をされたりしてSNSなどで告発されるリスクが高まります。さらに、悪意をもった人ににらまれれば、「盗作騒動」「著作権侵害問題」としてキャンペーンを張られてしまうかもしれません。

よって2つ目の手法は、既存文章の組み替えや用語の置き換えによって、オリジナルの意味や内容を変えずに、文章自体を変更するテクニックです。

より正確に表現すれば、文章自体の印象を変える、ということです。ここで重要なことはあくまで「印象を変える」ということなので、内容はほとんど同じでもかまいません。

もちろん内容は同じでも、文章の構造や組み合わせを変更するのですから、ネット検索でも原典と自分のコンテンツが合致してヒットしてしまうようなことも起こりづらくなります。

ではさっそく、冒頭の時事通信の記事について、これまで解説したテクニックを使って違法や追求をされづらい「パクリ」をしてみたいと思います。ポイントは、オリジナルに付加や創作は一切行わず、あくまで、既存文章の組み替えや置き換えだけでつくり出す、ということです。

まずはオリジナルの記事がこちらです。

【オリジナル記事（時事通信）】

スウェーデンのストックホルム国際平和研究所（ＳＩＰＲＩ）は18日、世界の核軍備に関する最新報告書を発表し、米英仏中ロにインド、パキスタン、イスラエル、北朝鮮を加えた9カ国が保有する核弾頭の数が、今年1月時点で計約1万4465発だったと明らかにした。前年より470発減ったものの、各国とも既存核兵器の近代化と新たな核システム開発を進めているという。

（2018年6月18日「時事通信」配信記事　https://www.jiji.com/）

このオリジナル記事を修正し、簡単なパクリ記事をつくってみます。

【パクリ記事①】

アメリカ、イギリス、フランス、中国、ロシア、インド、パキスタン、イスラエル、北朝鮮の9カ国が保有する核弾頭数をスウェーデンのストックホルム国際平和研究所が6月18日、発表した。今年1月時点での核弾頭数は、昨年から470発減の約1万4465発。しかしながら、各国による核兵器の近代化を含めた新たな核システム開発は止まっていない。

どこを加工したかわかりますか？　大したことはしていません。実に稚拙な修正です。国名の漢字略称表記をカタカナ表記に改め、センテンスの順番や細かい「てにをは」を変更しているだけです。これだけで、もとの文章からのパクリという印象はぐっと遠のいたと思いませんか？

次に2つ目のパターンをつくってみます。

【パクリ記事②】

2018年6月18日、アメリカ、イギリス、フランス、中国、ロシア、インド、パキスタン、イスラエル、北朝鮮の9カ国が保有する核弾頭数がストックホルム国際平和研究所（スウェーデン）によって発表された。今年1月時点での核弾頭数は、昨年から470発減の約1万4465発。しかしながら、上記各国による核兵器の近代化を含めた新たな核システム開発は止まっていないなど、今後取り組むべき課題は多い。

さて、これはどんな加工をしているのでしょうか？　これも非常にシンプルです。「パクリ記事①」で使ったテクニックに加え、新たにスウェーデンという国名を研究所の名前の下にかっこで入れ、最後にコメント的な1文を加えたりなどしています。いってしまえば「それだけ」です。「最後のコメント」も大したコメントではありません。誰でもが思いつくような一般的なものです。

しかし、このようなちょっとした加工をすることで、パクリ記事①よりもさらにもとの記事から遠ざかっている印象をもつはずです。いずれもよくある表記方法ですが、これだけで見た目の印象はかなり変わっています。

次に3つ目のパターンです。

【パクリ記事③】

アメリカ、イギリス、フランス、中国、ロシア、インド、パキスタン、イスラエル、北朝鮮の9カ国が保有する核弾頭数をスウェーデンにあるストックホルム国際平和研究所［註］が6月18日、発表した。今年1月時点での核弾頭数は、昨年から470発減の約1万4465発。しかしながら、上記各国による核兵器の近代化を含めた新たな核システム開発は止まっていない。

（註：1966年に設立された世界的に大きな影響力をもつ国際平和研究機関。初代所長はノーベル平和賞を受賞したアルバ・ライマル・ミュルダール）

パクリ記事③は、文章はパクリ記事①のままで、「ストックホルム国際平和研究所」に註を付け、文末にかっこで、その説明を付け加えたバージョンです。付け加えたといっても、ネットでこの研究所名で検索すれば、すぐにでも出てくる説明で、特別な調査をしたわけではありません。付け加えることに何ら労を要しない「註」を付けるだけで、完全に新たなオリジナル文章を生み出すことに成功していると思いませんか？

いかがでしょうか？　元記事とそこから簡単な修正や編集を加えて生成した3つのパクリ記事を比べてみてください。このレベルになると、原文をコピペした、盗作した……という疑惑をかけられることはないはずです。検索をしても、これらの文章が原文と一致する、ということもないでしょう。いわば、「朝日新聞と産経新聞が同じ事件を報じている記事」のようなものです。異なる印象の文章になっていれば、それが独自に取材をしていないパクリ記事であるということはわかりづらくなります。そうなってしまえば、それぞれの記事の価値に優劣はありませんから、パクリ記事も立派なオリジナル文章になってしまうのです。

研究論文では注意が必要

しかしながら組み替え・書き換えを利用したオリジナルの創出にも限界はあります。例えば、研究論文のように、アイデアや発想、技術の部分にオリジナリティがある場合は、いかに文面や見た目を変えようとも、その盗作性は薄れません。学術論文には常に優先権があり、先に公表した人（論文）の貢献になるからです。この点は注意が必要です。

学術的な論文や著作の場合は、文章や見た目以上に中身自体のほうが重要ですから、文章や見た目のテクニカルな変更だけでは「違い」にはなりません。それは、英語の論文を日本語に訳したら新しい論文になるか？　論文の「翻訳」はオリジナルの研究成果として評価の対象になるのか？　という問いを考えればわかりやすいでしょう。いずれもＮＯです。そのため、組み替えや書き換えのテクニックを真実や真理の追求を目的としている学術論文などに活用することはきわめて危険な行為であり、倫理的にも許されることではありません。

ただし、学術論文の背景となる文章、参考文献・資料などの紹介や言及、あるいはイントロダクションといった、論文自体の核となるアイデアや発明、新規性の部分ではなく、それを補完するために必要な調査や比較といった部分の文章であれば利用できるテクニックですし、大いに力を発揮できるはずです。

デザインにおけるパクリ

ネットで、無料で閲覧可能なものは、その利用も無料である……という錯覚（あるいは甘い考え）が、悪意なく軽はずみに著作権を侵害してしまいます。もちろん、「無名の個人がつくった、誰も見ていないホームページで公開しているだけだから、パクってもバレないだろう」という浅はかな認識から大きな問題へと発展してしまう著名なつくり手も存在しています。なぜあなたのような有名人が……と理解に苦しむこともありますが、よくよく考えてもみれば、どんな著名な作家でも、第一人者とされるクリエイターであっても、常に斬新なアイデアや新しい発想には飢えているものです。一流とされる人であればなおさらです。

さらには、どこかで見ていた作品、知らずしらずのうちに記憶に残っていたものが、いつしか自分の記憶の中で「自分のアイデアだったはずだ」とか「インスパイアされただけだ」という思い込みにも似た感覚にすり替わってしまう。そんなことは決してめずらしくはないのです。ただし、それを口実にして、パクリ疑惑が発覚した際に、「忘れていた」「出典を書き忘れた」といった勘違い、あるいは手違いによるものとして、問題の沈静化を図ろうとする手法もテクニックとしてはあります。

デザインにおけるパクリの技法は、露骨に似せる、盗作するという方法以外には、それほど多いとはいえません。なぜなら、文章の場合がそうであるように視覚的な印象による類似の知覚は、それがなんであれ、強く「パクリ」を印象づけてしまうからです。

それでは、デザインの現場で利用されるパクリの技法について紹介してみたいと思います。

① トレース

主に漫画などで利用される手法です。写真等を下敷きにして、その上に薄い紙（トレーシングペーパー）を載せてなぞり描くことで正確な直筆描写をする手法です。今日ではコンピュータに取り込むことで、より手軽に、そして正確にトレースをすることが可能です。ソフトウェアを利用すれば、写真などの実写から輪郭線部分のみを抽出し、直筆の線画のような画像をつくることも機能として容易です。

トレースは、トレース元になる写真や画像が製作者自身で撮影したり描いたものであれば問題ありませんが、ネット上にある第三者が権利を保持しているコンテンツを許可なく利用し、それがきわめてトレース元と似ている仕上りになっていれば、著作権侵害となります。これは模写であっても同様です。つまり、トレースという技法自体が違法なのではなく、第三者が権利を有するものの類似物を許可なく、自分のオリジナル作品として公開してしまうことが問題なのです。

漫画などでは多くのトレース疑惑が指摘されます。それが、有名な著者による人気漫画に対するものである場合も少なくありません。

例えば、井上雄彦の大ヒット漫画『スラムダンク』（集英社／1990年）に描かれるバスケットボール選手たちの描写の多くに、バスケットボール雑誌『HOOP』（日本文化出版）に掲載されたグラビアからのトレースあるいは模写と思われるカットが多数確認されています。

これは参考にしたととらえるべきか、あるいはトレースや模写と認識すべきであるかは意見の別れるところかもしれませんが、少なくとも検証を目的とするウェブサイトは後を絶ちません。

ただし、『スラムダンク』は写真のような精密で美しい描写が作品としての魅力でもありますので、バスケットボール雑誌の躍動的なグラビアを参考にし、トレースをしたことで、作品としての完成度が高まっていることは間違いありません。これによって『スラムダンク』の人気や魅力が低下することはありませんが、精密な描写が実は雑誌に掲載されていた第三者が撮影したグラビアであった……と知ると、ちょっと残念な気もします。

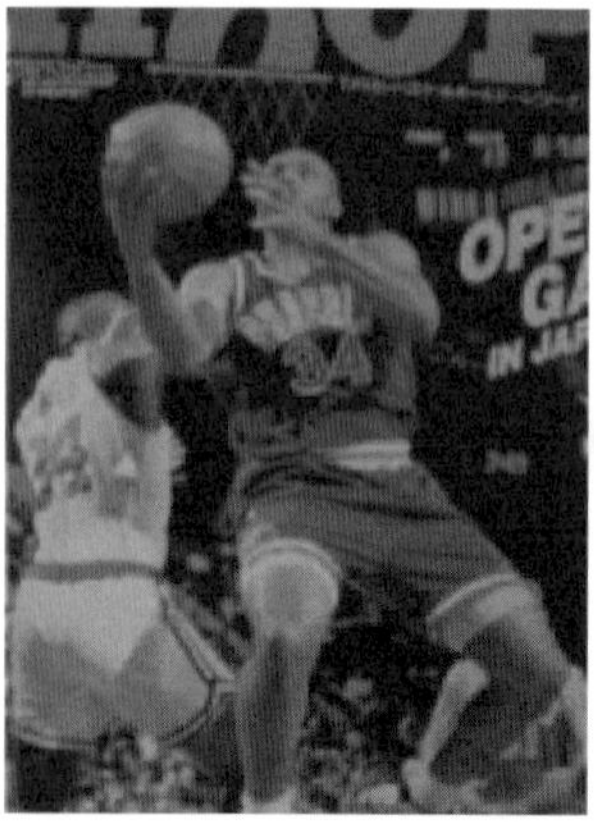

バスケットボール雑誌の表紙
〔『HOOP』 Vol.13 ©NBA Media Ventures〕

『Slam Dank』
〔井上雄彦：Slam Dunk13、集英社（1993）p.129より引用〕

『Slam Dank』
〔井上雄彦：Slam Dunk29、集英社（1996）p.96より引用〕

キム・ソンモ：高校生活記録簿、
〔Naver Webtoon（2018）〕

一方で、そんな『スラムダンク』自体が２０１８年８月に、韓国の著名漫画家であるキム・ソンモのウェブ漫画『高校生活記録簿』によって、トレースや模写、あるいはそれに限りなく近い類似があると指摘され、問題となりました。なお、『高校生活記録簿』の場合は、個別具体的なキャラクターに酷似したカットであったことから、「参考資料だった」という言い訳はできないケースです。

② パーツの流用

デザイン物とは、ロゴマークのように単体で構成されるものと、ポスターなどのように、複数の要素によって構成されるものに分けられます。後者の場合、写真やイラスト、ロゴや文字などのさまざまな要素をデザイナーが用意し（描き）、それを組み合わせることで、１つの作品を完成させます。

これらの作品をつくり出すうえで利用されている構成要素《パーツ》においても、許可なく第三者のものを利用することはできません。仮に、最終的にでき上がったポスター作品が独創的で素晴らしいものであったとしても、そこで利用されているパーツが第三者の権利物であり、利用の許可を得ていなければ、著作権を侵害した「違法作品」となります。

「よりよい作品をつくり出そう」「作品の完成度を高めよう」という高いプロ意識が、この問題を引き起こす大きな要因となっています。特に漫画家は、作品を描くために、大量の参考資料を用います。より正確に描写するために、写真はもとより、関連する雑誌なども国内外を問わず大量に集めています。つい出来心で、「この資料を知る読者はほとんどいないだろう」というような感覚にとらわれて、トレースや模写（に近いパクリ）をしても「気づかれないのではないか？」という甘い認識に陥りがちなのかもしれません。もちろん、純粋に作業の効率化のためだけの場合もあるでしょう。

いずれにせよ、インターネット時代の今日、ありとあらゆるものが検索可能であり、たとえ自分のまわりにはいなくても、世界中には、多くの「知っている人」が存在しています。それどころか、その筋のマニアにとっては、相当有名なものである場合もあり得ます。

例えば「東京オリンピック2020」の公式エンブレムのパクリ騒動で国際的なスキャンダルとなったデザイナー・佐野研二郎氏が陥ったパクリ疑惑の場合、素材を紹介するデザインサイトや、きわめて個人的なウェブサイトに掲載された小さな資材に至るまで、ネット上にあるさまざまなデザインデータを佐野氏は実に見事に検索し、サンプリングをしていたのだろうと思われます。

もちろん、このような行為はプロとしては許されません。仮に、パクられた本人が許したとしても、デザイナー倫理に対する佐野氏のある種の「裏切り」は許されるわけではありません。デザイナー倫理あるいはデザイナーとしての矜持を見失ってしまったことで、デザイナー生命を奪われかねない問題へと発展していったのです。

③ 印象コピー

印象のコピーとは、模写やコピペはしていないようだけれど、「どことなく似ている」あるいは、細部をみればまったく似ていないのに、全体を通してみると「アレのようだ」「コレに似ている」と思える、という手法です。これは似せ方、パクり方の程度の振幅も大きいので、非常に判断の難しいケースが少なくありません。

特に、訴訟問題へと発展するような場合、法における「剽窃や盗作」の考え方・基準と、一般的な感覚やつくり手からみた「類似」との間には大きな隔たりがあることが　問題になります。仮に「法的にみて、剽窃とはいえない」という判決を裁判所が下した場合でも、なんとなく腑に落ちないような場合もあります。

一方で、パロディやオマージュという意味で、「見る人が見ればわかる」というように、意図的に自分（作者）が好きなデザイン、構図などに似せることで、デザインコンテンツとして魅力を増幅させるという技法もあります。パクリ元からの影響を受けていることが明白で、リスペクトや敬愛の念をもって描かれていることが誰にでも伝わってくるような場合は、パクられた側も「デザインを盗まれた」ととるよりは、「ファンや後輩に影響を与えた」と前向きにとらえ、不愉快に思わない事例も多いのです。

それをもっとも象徴している事例としては、80年代を代表する原哲夫（作画）、武論尊（原作）の大ヒット漫画『北斗の拳』（集英社／１９８３年）があります。この作品には、作者の好きなもの、憧れのコンテンツからの影響やオマージュ、パロディが至るところに散りばめら

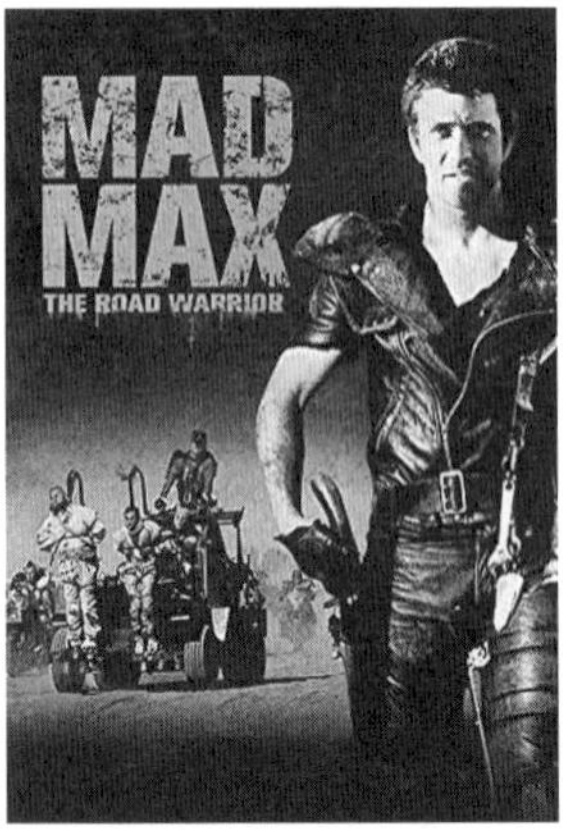

映画『マッドマックス２』
〔マッドマックス２（初回生産限定スペシャル・パッケージ）[DVD]（ワーナー・ブラザース・ホームエンターテイメント）〕

漫画『北斗の拳』
〔原作・武論尊、作画・原哲夫：北斗の拳２、集英社（1984）p.80より引用〕

映画『死亡遊戯』
〔死亡遊戯〈日本語吹替収録版〉[DVD]（パラマウント ホーム エンタテインメントジャパン）〕

漫画『北斗の拳』
〔原作・武論尊、作画・原哲夫：北斗の拳２、集英社（1984）p.108より引用〕

れています。そもそも、「核戦争後の荒廃した世界で、凶悪な暴走集団が非力な庶民の生活を脅かす」という世界観は、ジョージ・ミラー監督による映画『マッドマックス2』、ワーナー・ブラザーズ／1981年）そのものです。特に、バイクで暴走する筋骨隆々なモヒカン刈りの「悪党」たちは、『北斗の拳』を象徴するキャラクターになっているくらいです。

また、暴走集団に立ち向かうライダースジャケットに身を包んだ無口で無骨（だけど本当は優しい）な主人公という設定でも、『マッドマックス2』のマックス（メル・ギブソン）と『北斗の拳』のケンシロウは見事に重なります。そればかりではありません。必殺の暗殺拳法・北斗神拳を使って悪党たちをなぎ倒してゆく無敵の拳法家であるケンシロウのデザインは、往年のカンフースター、ブルース・リーを彷彿とさせます。特に、初期のケンシロンのデザインや、描かれるギミックは完全にブルース・リーそのものといってもよいでしょう。原哲夫による作画には『北斗の拳』以外にも作者が影響を受けたであろう俳優に似たキャラクターがさまざまに登場します。

ほかにも荒木飛呂彦の長寿人気漫画『ジョジョの奇妙な冒険』（集英社／1987年）でも、既存の魅力的なコンテンツを参考にし、自作品に効果的に取り込むことで、作品の魅力を高めている事例が散見されます。『ジョジョの奇妙な冒険』といえば、その奇想天外なストーリーだけでなく、描かれるキャラクターたちの「ジョジョポーズ」「ジョジョ立ち」と呼ばれる奇妙なスタイルが作品の特徴の1つになっています。コンテンポラリーダンスや舞踏でもしているかのごときその奇妙なポーズは、個性的な登場キャラクターらや奇想天外なストーリーと相

左：『スティール・ボール・ラン』18巻の表紙〔集英社（2009）〕
右：Giuseppe Zanotti Design Spring/Summer 2009 Ad Campaign

まって、作品をこの上なく魅力的なものへと昇華させています。

しかし、このジョジョポーズとして描かれる造形にも、既存コンテンツからを参考にしたと思われるパクリが効果的に利用されているのです。「印象コピー」は文章でもあります。この場合、厳密に文章の一部をコピペしたり、抜き出したりしているわけではない場合が多いので、議論の分かれるところです。

例えば、２００６年に起きた漫画のセリフと楽曲の歌詞の類似から、「盗作」裁判へと発展した「銀河鉄道９９９裁判」があります。これは漫画『銀河鉄道９９９』（少年画報社／１９７７年）の作者・松本零士と、シンガーソングライター・槇原敬之によって争われた「フレーズ・歌詞」の印象の類似性が争われた裁判です。

槇原敬之が作詞・作曲を担当し、2006年に発売されたボーカルデュオ、ケミストリーの曲『約束の場所』の歌詞に次のようなフレーズがあります。

> 「夢は時間を裏切らない
> 時間も夢を決して裏切らない」
>
> ※槇原敬之『約束の場所』の歌詞の一部

これに対し、漫画『銀河鉄道999』エターナル編 第1話（1996年）に登場するフレーズに『約束の場所』の歌詞と酷似する箇所があり、これを盗作であると松本が主張したことに端を発します。

> 「時間は夢を裏切らない
> 夢も時間を裏切ってはならない」
>
> ※松本零士『銀河鉄道999』のフレーズの一部

これをみれば、「夢」と「時間」が逆に置かれていることと、「決して」が入っていることを除けば、非常に似ていることは誰の目にも明らかでしょう。

もちろん、完全に文言が一致しているわけではありません。

しかも『約束の場所』の歌詞は全部で593文字です。そのうち、該当箇所は合計3回の利用で74文字。全体の12・5％を占めるにすぎません。残り87・5％が槇原のオリジナルになるわけですから、分量からみてもインスパイアやオマージュの範囲内であるようにも感じます。しかしぱっと見の印象としては、非常に強い類似は否めません。それはこのフレーズがそれぞれの作品を特徴づける印象的なフレーズになってからでしょう。

当初から松本としてはフレーズのオリジナリティを主張したかっただけであり、訴訟問題にまでする意図はなかったようですが、この松本の主張に槇原サイドは過敏に反応します。『銀河鉄道999』は読んだことがない、と反論し、歌詞が槇原のオリジナルであることを主張し、槇原は松本を東京地裁に提訴します。しかし、その結果として、東京地裁は「2人の表現が酷似しているとはいえない」とし、著作権侵害を認めない判決を出します。その後、和解が成立し、決着しますが、この事件を通して法律の判断と直感的な印象は大きく異なる、ということを改めて思い知らされたような気がします。

④ 細部《ディティール》（ディティール）コピー

細部《ディティール》コピーとは、コンテンツ全体や物語の核にはなり得ないものの、細部《ディティール》で既存コンテンツをパクったり、それを想起させたり彷彿とさせることで、コンテンツとしての魅力を増したり、気づいた人に、ちょっとしたサプライズ的な楽しみを与える技法です。印象コピーと似ているように思いますが、コンテンツ全体の印象を左右するパクリではなく、あくまでも細部のパーツの箇所にその影響力が限定されている点がポイントです。

浦沢直樹作画による人気漫画『MASTERキートン』（小学館／1988年）に登場するテレビ局ENNの豪快な経営者フレッド・レスターはヴァージン・グループの創立者リチャード・ブランソンの造形に非常に似ています。見た目ばかりではありません。小さな中古レコード店から巨大メディアグループをつくり上げた伝説的メディア経営者であるリチャード・ブランソンを彷彿とさせるフレッド・レスターのキャラクター性にも、その影響を強く感じさせられます。ほかにも主人公キートンのライバルであり、親友として登場するイタリア系イギリス人の私立探偵チャーリー・チャップマンも、映画『レオン』（ゴーモン／1994年）や『グラン・ブルー』（20世紀フォックス／1988年）『ニキータ』（日本ヘラルド映画／1990年）などで日本でも人気のスペイン出身のフランスの俳優ジャン・レノと酷似しています。寡黙な仕事人といった印象が強い役の多いジャン・レノと、チャーリー・チャップマンのキャラクター性には、見た目のデザイン以上に類似点は多く、作者が影響を受け、その造形の参考にしていることが推察されます。

ディティールのコピーを多用した有名な作品といえば、萩原一至による漫画『BASTARD!!―暗黒の破壊神―』（集英社／1988年）でしょう。この作品はいわゆる「剣と魔法のファンタジー」作品なのですが、実にさまざまな部分で既存コンテンツからのパクリが埋め込まれています。それは誰もがわかるようなパロディ的なものから、一部のマニアしかわからないような非常にコアなコンテンツからのパクリなど、その幅広さに驚かされます。

その中でも特徴的なのは「西洋ファンタジーゲーム」と「ヘビメタバンド」からのパクリで

す。それらは著者の趣味が色濃く反映され、むしろ作品を楽しむ要素にすらなっています。『ダンジョンズ&ドラゴンズ（以下、D&D）』という世界的に有名なゲームシリーズのパッケージや挿し絵に描かれるモンスターたちは、私たちが想像する「西洋ファンタジーのモンスターたち」そのものです。しかし、やはりマニアックな趣味であるため、一般的とはいい切れません。『BASTARD!!』ではその『D&D』で描かれたモンスターをパクったと思しきデザインが登場します。なかでも「ビホルダー」は有名です。『D&D』に登場する球形の1つ目モンスター「ビホルダー」を、『BASTARD!!』において酷似させた造形に名前もそのままに「ビホルダー」として登場させます。これに対して当時の『D&D』の日本発売元は編集部にクレームを入れ、単行本収録時には、手足のない「ビホルダー」に手足を追加し、さらに名前も「鈴木土下座ェ門」と改変してリライトされることになりました。

ほかにもバスタード第一話の扉絵の背景に描かれているドラゴン風のモンスターも『D&D』のパッケージイラストに描かれたモンスターと酷似するものがあります。

また、『BASTARD!!』に登場する人物や地域、魔法のネーミングは非常にユニークで、「こんな名前、どうやって思いついたんだ？」と不思議になるようなものも少なくありません。そのソースは海外の人気ヘビメタバンド、ミュージシャンの名前であることはよく知られています。例えば、舞台となる地名ですが、「メタ＝リカーナ王国」はアメリカのヘヴィメタル・バンド「メタリカ」が、「ア＝イアン＝メイデ王国」はイギリスのヘヴィメタル・バンド「アイアン・メイデン」がパクリ元になっていることは明らかでしょう。さらに、主要キャラクターである「イングヴェイ・フォン・マルムスティーン」はスウェーデンの人気ギタリスト「イングヴェイ・マルムスティーン」から、ラスボスともいえる強敵「アンスラサクス」はヘヴィメタル・バンド「アンスラックス」から着想得ているはずです。ほかにも「ラン・ディ・ローズ・シュタイン・ノイバウテン」のように、「ランディ・ローズ」と「アインシュテュルツェンデ・ノイバウテン」という2組の実在のミュージシャンの名前を組み合わせてつくり出しているような事例もあります。

パクリの技法の是非

本章では、パクリの技法について、具体的な事例をあげつつ紹介をしてみました。繰り返しになりますが、重要なことは「パクリ」という言葉がイコール悪いことを意味するわけではない、ということです。「ヤバい」と同様、良い意味にも悪い意味にも、まったく別の文脈でも利用される多義語です。いろんな意味や場面において、「似ている」という共通感覚さえもてれば、どんなシチュエーションでも利用してよい言葉、それが「パクリ」でり、「パクる」なのです。

そして、パクることでクリエイティビティが高まり、創造性も拡張します。インターネット社会の到来によって、以前なら想像もできないほどパクりやすくなり、また多様性にも富んでいます。しかも、その技法は簡単で、単純です。誰でもがちょっと意識をすれば、容易に身につけることができるはずです。

一方で、手続きを怠り、未熟なパクリに手を染めてしまえば、批判されたり、場合によっては犯罪にすらなります。簡単だから、ネットだから、何気なく、悪意なく、忘れていた……などは、パクリ問題が発覚し、事件化した際のいい訳・弁明の常套句です。

ネットだから許されるという時代はとうに終わりました。いまやネットの影響力はテレビや新聞といった既存メディアに肉薄しつつあります。それはいいかえれば、ネットからパクった場合の責任、およびコンプライアンス（法令遵守）、ルール、作法を守る必要性も、既存メディアの厳しさに近づきつつある、ということです。

しかし、または、だからこそパクリの技法を知ることで、問題なく既存コンテンツをパクれるようになります。インターネット時代の今日、世界中の有名無名のあらゆるつくり手、あらゆるコンテンツが自分の参考元・参考資料になってしまう時代なのです。それは世界中のつくり手・コンテンツがパクるための素材であり、そしてまた、自分のコンテンツもパクられる存在の一部であるということも意味しているのです。

4章

どこまでパクれるの？

～数式、グラフ、データベース、プログラム

著作物だけが著作権で保護される

これまで繰り返し説明してきたとおり、パクリのまったくない表現はほぼありません。歴史的にみても、創造的で魅力的なコンテンツはむしろ古今東西のさまざまな知性を糾合した「パクリの総集編」です。先行事例や既存コンテンツを効果的に利用したり、自分の中にうまく取り込んでいったりすることができなければ、よいコンテンツ、よい表現はできないといい切ってよいかもしれません。すなわち、コンテンツをつくる技法とはパクリの技術といっても過言ではありません。学習もしかりです。

そしてその技法は、インターネット時代の今日、ますますその重要性と可能性を高めています。一方で、容易にリスクにも豹変します。安易なネットからの転用によって、第三者からの予期せぬ指摘や想定外の勘ぐりを受けたり、盗作・盗用疑惑、不正疑惑をかけられたりするようなリスクは日々、高まっています。たとえ、自分では身に覚えのないことで、それが「誤爆」であったとしても、人生を左右するような大きな問題へと発展しかねません。

このように、未熟なパクリがさまざまな問題を引き起こす一方で、正しい知見と十分な技術に裏づけられたパクリは表現を多様化させ、コンテンツを進化させることができます。しかし、パクリ対策は、そういったテクニックだけで十分なわけではありません。生半可なテクニックをもってしまったが故に、トラブルや問題を誘発させてしまったり……という事例が後を断ちません。

そのような問題が引き起こされる最大の理由は、著作権という法律と、それが保護の対象として規定する「著作物」という概念が、一般の人にとっては非常に微妙なものであり、誤った理解をしてしまいがちなものであるからです。法律というものは判例や判決文などを含めて、それ自体がわかりやすく書かれているとはいいがたいものです。なかには、どうとでもとれるようないい回しの文章を、法律家が解釈、咀嚼《そしゃく》したうえで、その内容や使い方を理解する……といったものも多く含まれています。

これはパクリを考えるうえで「著作物をどうとらえるか」「著作物とは何か」ということの理解の有無が非常に重要になっている、といいかえることもできます。もちろん、ここでは知財や著作権の法律解釈や理解について専門的に理解せよ、議論せよといった難しいことを主張しているわけではありません。そういうことは、法律家の仕事です。作家やデザイナーだけでなく、研究者などを含め、自分自身でコンテンツをつくる必要のある、あらゆる「つくり手」に求められるのは、法律議論というよりはむしろ著作物とは何なのか？　何でないのか？　についての正しい理解をしておく、ということでしょう。

著作権という権利は、いうまでもなく著作権法で規定され、その中で守られているものです。逆にいえば、著作権法に記されていなかったり、読み取れなかったり解釈できなかったりするようなものは、著作物ではないので保護の対象外になってしまいます。本人がいかに熱意や労力、あるいは費用をかけたとしても、そういった個人的な事情とは無関係に、「それには創作性がないよ、オリジナリティも感じないよ、著作物じゃありませんよ」と法的に認定されてしまうわけです。

では、著作物でなければ、パクってもよいのか？　著作物でなければパクられてもしかたがないのか？　本章ではそのことについて考えてみたいと思います。

表やグラフに著作権はない？

著作物とは「著作権法第2条第1項第1号」によって「思想又は感情を創作的に表現したものであつて、文芸、学術、美術又は音楽の範囲に属するものをいう」と規定されています。

つまり、著作物とは、思想や感情などが創作的に表現されているものでなければなりません。単純な事実などを記したものは、当然、思想や感情の創作的な表現にはなりませんから、著作物には該当しません。

さて、そう考えると、データや数値からつくられた表やグラフなどは著作物にあたるのでしょうか？　著作物であれば著作権法を遵守し、しかるべき手続きで利用をしなければなりませんし、無断で利用することもできません。しかし、著作物でないのであれば、誰でも自由に利用ができます。

表やグラフは、数値やデータといった要素を、縦と横に並べて罫を引く、円グラフや棒グラフなどにまとめるという、ごく一般的な手法で視覚化したものです。誰でもが知っている手法で、日常的に利用されているものですから、創造的で独創的な表現であるとは思えません。結論からいってしまえばそのとおりで、データや数値、それを単純に表現した表やグラフ等は、思想や感情などを創作的に表現したものとは認められません。つまり、創作物・著作物ではなく、著作権保護の対象にはなっていません。

実際、２００５年に下された知的財産高等裁判所の判例「京都大学論文事件」をみてみましょう。

この事件は、京都大学が博士論文として認め、博士号を授与した論文の中に「自分の著作物からの盗用がある」という主張がなされ、京都大学に対して慰謝料の支払い等を請求した、という事件です。しかし、この請求に対して裁判所は、次のような判決を下し、データや数値を一般的な手法によって表現したグラフや表には、創作性はなく、著作物には該当しない、としています。

> 実験結果等のデータ自体は、事実又はアイディアであって、著作物ではない以上、そのようなデータを一般的な手法に基づき表現したのみのグラフは、多少の表現の幅はあり得るものであっても、なお、著作物としての創作性を有しないものと解すべきである。
>
> （知的財産高等裁判所、平成17年5月25日）

さて、この事実を前提とすれば、表やグラフに著作権はないのだから、誰でもが自由に利用できる！　勝手に引用しても流用しても問題ない！……と思ってしまいます。しかし、そこは文字どおりとってしまうときわめて危険で、注意が必要です。

判例と矛盾するような話ですが、数値やデータ、そしてそれを単純な手法、一般的な手法で表やグラフとして表現したものには創作性はないので著作権もない、という点がポイントになります。それは逆にいえば、「数値やデータを単純ではない手法（一般的ではない手法）で表やグラフとして表現したものには創作性があるので、著作権もある」と考えることもできるわけです。

やっぱりある？　表やグラフの創作性

素材として同じ数値やデータを使っていたとしても、それを視覚的に表現《デザイン》したグラフや表などの中には、創作性も著作権もありそうなものが存在する可能性は十分にあります。「京都大学論文事件」の判例では、一般的な手法でつくられた単純で機械的な手法が前提になっています。しかし、データや数値を視覚的に表現する方法は、表計算ソフトにデータを入力してボタンを押せば生成される折れ線グラフや棒グラフだけではありません。また、その表現やつくり方も一般的な手法だけとも限りません。

例えば、「インフォグラフィックス（Infographics）」はその典型でしょう。

インフォグラフィックスとは、情報や数値、データなどをわかりやすく視覚化するために、単純化したり、イラスト化したり、あるいは擬人化・擬物化させることで、人間にとってわかりやすい形へと編集・デザインし、表現する手法です。数値やデータの実数を正確に表現するというよりは、わかりやすさ、実感しやすさに重点をおいた数値やデータの表現手法は「情報デザイン（Information Design）」分野におけるもっとも重要なテーマです。今日、社会の至るところでインフォグラフィックスに対して高いニーズがあり、あらゆるデザインの場面で求められている技術の1つでもあります。

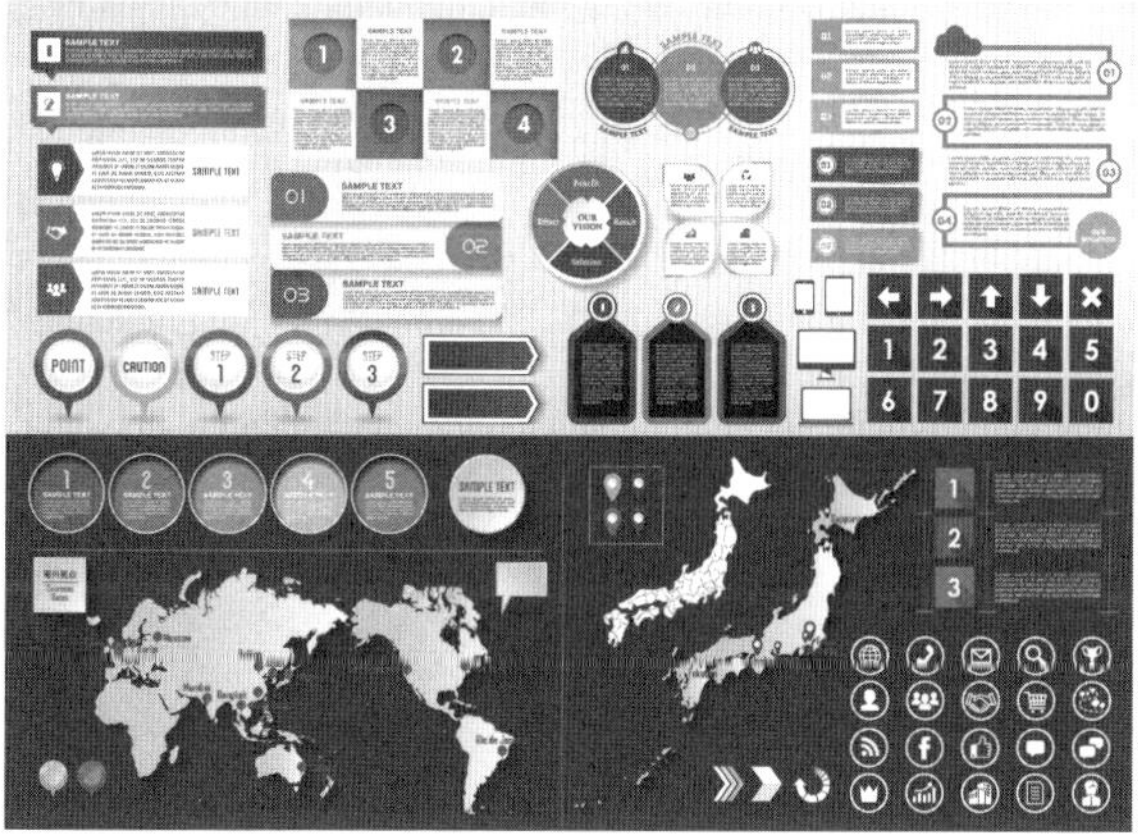

インフォグラフィックスの事例
〔ZET ART／PIXTA（ピクスタ）〕

「インフォグラフィックス」ではさまざまなクリエイティブな表現手法を駆使して、単純な数値やデータをわかりやすく、あるいは楽しくデザインしています。デザイナーたちのオリジナリティやクリエイティビティ、デザイン力が大きく問われる分野です。

いうまでもなく、これらの作品群は「思想又は感情を創作的に表現したものであって、文芸、学術、美術又は音楽の範囲に属するもの」ですから、もちろん著作物です。しかしながら、グラフといえばグラフですし、表といえば表でもあります。強いていうのであれば、インフォグラフィックスの中に「高度なデザイン技術とオリジナリティが駆使された創作性の高い表やグラフ」が存在しているといえるのかもしれません。

このように、単純なデータや数値、あるいは事実だけを素材にしていたとしても、そこで表現される手法が単純で一般的で、創作的な表現をしていないとは限らないのです。

インフォグラフィックスのような事例は今日、生活の至るところで目にすることができます。

例えば、２００１年ごろからネットで拡散され、話題となった『世界がもし１００人の村だったら』というネット発のコンテンツがあります。書籍にもなり、関連の動画や画像などがたくさんつくられ、内容を変えた「亜種」的なものも含めると、現在、数多くの派生コンテンツが存在していますが、いずれもデザイン技術を駆使して、すなわち、インフォグラフィック

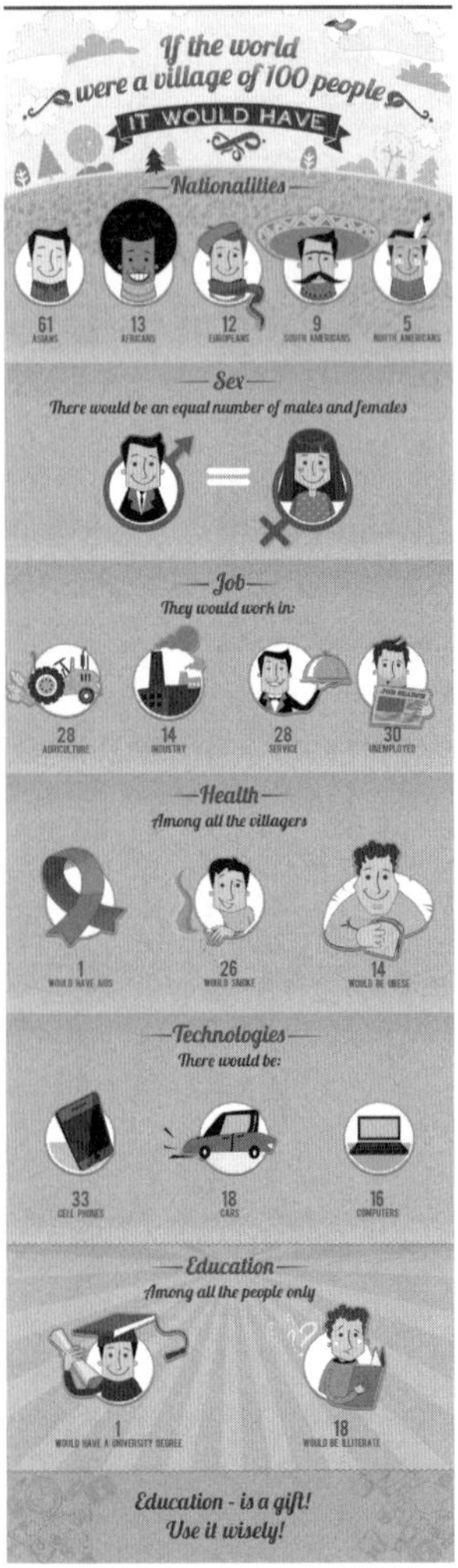

『世界がもし100人の村だったら』
©Best Essay.com

スを活用して世界の現状の数値やデータをわかりやすく視覚化しています。

このようなインフォグラフィックスも数値やデータを表やグラフのように視覚的に表現したものですが、これらに対して創作性はなく、著作権は認められない……ということになるでしょうか。もちろんなりません。『世界がもし100人の村だったら』のインフォグラフィックスにみられる作品の多くは、立派な創作物であり、著作物です。

数値やデータは事実であって、それ自体は創作性もなく、著作物ではありません。しかし、それを利用してつくられたコンテンツ（表やグラフを含め）につくり手の思想や感情などが認められる創作的な表現であれば、それは著作物なのです。

表やグラフ……といっても、それが著作物なのか、そうでないのかは一概にはいえないというわけです。

数式は表現か？　それともアイデアか？

表やグラフとくれば次に思いつくのは、数式ではないでしょうか。数式に著作権はあるのか？　という疑問も多くの人がもつところでしょう。

数式は思想や感情を創作的に表現したものではなさそうなので、著作物ではなさそうです。「私が証明したこの美しい数式は、私の思想と感情の賜物であって、芸術作品である！」と主張する数学者もいそうな気がしますが、そういった当事者の気持ちの問題と、法的に下される判断とはまったく別物ですから、難しい話です。

結論からいってしまえば、やはり数学などの科学論文で使用された数式等については、著作権法における保護の対象にはなりません。この判断を下した１９９４年の大阪高等裁判所判決「数学論文野川グループ事件」をみてみたいと思います。

この事件の判決では数式の著作権に対して、以下のような説明をしています。

> 数学に関する著作物の著作権者は、そこで提示した命題の解明過程及びこれを説明するために使用した方程式については、著作権法上の保護を受けることができないものと解するのが相当である。一般に、科学についての出版の目的は、それに含まれる実用的知見を一般に伝達し、他の学者等をして、これを更に展開する機会を与えるところにあるが、この展開が著作権侵害となるとすれば、右の目的は達せられないことになり、科学に属する学問分野である数学に関しても、その著作物に表現された、方程式の展開を含む命題の解明過程などを前提にして、更にそれを発展させせることができないことになる。このような解明過程は、その著作物の思想（アイデア）そのものであると考えられ、命題の解明過程の表現形式に創作性が認められる場合に、そこに著作権法上の権利を主張することは別としても、解明過程そのものは著作権法上の著作物に該当しないものと解される。
>
> （数学論文野川グループ事件：大阪高等裁判所、平成6年2月25日）

つまり、数式やその解明の過程それ自体はあくまでも「アイデア」であって、それ自体が著作権法上の著作物とは認められないということになります。なお、アイデアや事実（や、それを単につなげただけのもの）は著作物とはいえない、ということは2001年の「解剖実習の手引き事件」でも同様の判決が出ています。

「解剖実習の手引き事件」とは、退職した北里大学 医学部 元教授が後任教授に対して起こした裁判です。元教授が執筆した「解剖実習の手引き」の内容をもとに、後任の教授が51項目でそれを模した文書を作成し学生に頒布したことに対して、元教授側が著作権侵害であるので、発行や頒布を止め、損害を賠償するよう求めたものです。これについては次のような判決が下されました。

> あるまとまりのある部分をみれば、上記のような特徴を持った解剖実習のための手引き書として、思想又は感情を創作的に表現した著作物として保護されるに値するものということができる。しかし、その中の単一の特定のアイデアを一つないし二つの文にまとめたにすぎない部分だけを取り上げると、その表現上の創作性ないし個性を認めることができず、これを独立の著作物として認めることができない
>
> （解剖実習の手引き事件：東京高等裁判所、平成13年9月27日）

このように、元教授がパクられたと主張する51項目は複製や翻案にはあたらないとして、元教授の訴えが棄却されています。これによって、「単一の特定のアイデアを1つないし2つの文にまとめた」ものは著作物ではない、といえることになったわけです。

このように書くと、「数学の論文や著作には著作権がないんだから、勝手に引用したり、転

載してもいいんだよね」という発想になってしまいます。

しかしそんなことは安易には許されるものではありません。確かに数式や解明過程、単一のアイデア、それ自体はこの判例でも述べられるように、あくまでアイデアそのものであって、著作物にはなりません。アイデアは著作権法ではなく、特許法で守られる権利です。しかし、それを解説したり、説明したりした文章、あるいはその見せ方などを含めた論文や文章などには、著作物性が認められています。

例えば、ある科学者が「1＋1＝2」という数式を、苦労の末に、証明する方法を考えついたとします。先の判例のように、この数式の解明過程やそれ自身は、著作権法が規定する著作物には該当しません。よって、この数式を利用する分には許可も要りませんし、引用や転載、流用などは自由にできます。あたりまえですが、それができなければ、数式の証明や検証や批判、発展や展開・応用などもできないわけで、科学は発展しません。したがって、先の2つの判例は当然の判断といえるでしょう。

しかし、そういった数式を解説したり説明したりして表現された方法に独創性があれば、それは数式とは別の側面で創作性があり、いうまでもなく著作権が存在し、他の創作物と同様に著作権法上の保護の対象です。したがって、それを第三者が利用する場合には相応の処理が求められ、それらを怠れば単なる不正利用、違法行為になってしまいます。

よく考えてみてください。なんの説明も表現もなく、紙の上にただ、数式が書かれただけの本や論文なんて「ない」のです。必ずといってよいほど説明が書かれ、ときに図なども入れつつ、読者がわかりやすいように構成も考慮されているでしょう。

小説『博士の愛した数式』の中の数式

2003年に発表され、映画化もされるなど大ヒットした小川洋子著の『博士の愛した数式』という小説があります。この小説の主人公は数学者なので、物語には数学に関するくだりがさまざまに登場します。そして、本作の中に「$e^{\pi i}+1=0$」、いわゆるオイラーの公式が登場します。その数学的な美しさによって広く知られる有名な数式の1つです。

小川は、この数式をとっかかりとして『博士の愛した数式』の物語に深みを与えているわけですが、18世紀の数学者であるレオンハルト・オイラーが今日まで仮に生きていたとしても、この数式の無断使用に対して「著作権侵害だ！」などと主張することはないはずです。少なくとも、数式それ自体を利用することに制約はありません。そんなことまで禁じてしまったら、数学だけでなく、あらゆる科学の参考書、教科書が存在できなくなってしまいます。

では、そんな著作権なき数式を利用した小説『博士の愛した数式』の中で数式が利用されている箇所に関しては著作権はないのでしょうか。当然、そんなことはありません。

例えば「車いすのアインシュタイン」と呼ばれた天才物理学者スティーヴン・ホーキング博士に関する解説本や、彼の業績に言及した著作は、数多く存在しています。その中にはホーキング博士が明らかにした数式なども記載されているわけですが、その数式自体は、自由に利用できても、その数式やアイデアを説明するために文書などで表現された箇所は、創作物であり著作物です。勝手なコピーや転載はできません。

データベースのどこに創作性があるのか

さて、次に考えてみたいのはデータベースです。データベースとは、その名のとおり、さまざまなデータ（事実）を蓄積し、検索などをしやすいように整理した情報の塊です。データベースについては、著作権法で以下のように規定されています。

> 第二条
> 十の三　データベース　論文、数値、図形その他の情報の集合物であつて、それらの情報を電子計算機を用いて検索することができるように体系的に構成したものをいう。

もちろん、ここまで本書を読んできた方はおわかりかと思いますが、「データ」自体は創作的に表現されたものではなさそうですので、それ自体は著作物とはいえません。それはうすうすわかります。しかもデータベースは、数学の論文などのように、その数式を説明するためにつくられた文章などに独創性がある、そこに著作物性がある、といったケースとも異なります。なんとなく「勝手にはパクれない……」というような類のものでもなさそうです。文章などのように、つくり手が説明したりするために創作する部分もあるようにも思えません。あくまでも、あるフォーマットに準拠して整理されたデータ（事実）の集合体でしかありません。

そうなると、表やグラフ、数式とは異なり、データベースに関しては自由に複製することが許されるのでしょうか。インターネット上にはさまざまなデータベースが存在し、公開されています。その複製が自由であったり、無断で自分の著作物などの中で流用したりすることができれば、これほど便利なことはありません。しかもデータベースの構築には大変な労力がかかるわけですから、それを簡単にパクることができるとなれば、楽して得したい人にとっては吉報です。

『ハローページ』にはないけど『タウンページ』にある著作権

この問題を理解するには2000年に判決の下った「NTTタウンページ事件」（平成12年3月17日 東京地方裁判所判決）が参考になります。

まず、NTTが発行する電話帳には2つの種類があることをご存知でしょうか？　1つ目が『ハローページ』と呼ばれるもので、これは五十音順で個人および企業名が掲載されています。この『ハローページ』は五十音順という一般的な手法で名前を並べてあるだけなので、創作性はなく、著作権法で守られる著作物ではないとされています。したがって、一般的に、データベースとして企業などが電話帳の情報を取り込み、利用する場合はこの著作権のない『ハローページ』の内容が利用されています。

もう一方は『タウンページ』です。これは業種別電話帳であり、電話番号を業種によって分類しているため、職業やサービスなどから目的の連絡先を検索することができます。この『タウンページ』は、五十音順に単純に並べられただけの『ハローページ』とは異なり、その編成方法に創作性があるので、著作権法の保護の対象となっています。

このような場合、著作権法では「データベースの著作物」とされ、その条件が以下のように示されています。

> （データベースの著作物）
> 第十二条の二　データベースでその情報の選択又は体系的な構成によつて創作性を有するものは、著作物として保護する。

ちょっとわかりづらい文章ですね。「データベースの著作物」の中には「著作権法第2条第1項第1号」によって規定される著作物の条件、すなわち「思想又は感情を創作的に表現したもの」があるとされています。つまりデータベースには（1）情報の選択、（2）体系的な構成、この2つのいずれかによって創作性を認めることができるという考え方です。

この2つに関しては、難しく考える必要はないでしょう。

「情報の選択」とは、どのような情報をデータベースに格納するか、という選択の判断や決定のことです。これに制作者の思索や独自性が必要な場合は少なくありません。もちろん、すべて五十音順に並べることが利便的であるとも限りません。『ハローページ』と『タウンページ』の違い、すなわち創作性の有無はそこにあります。よって、「情報の選択」という点において、つくり手の創作性は認められるわけです。

そして、「体系的な構成」とは文字どおり、データベースとして一定のフォーマットのもとに整理され、検索可能な状態、すなわち体系性をもった構成として、そのデータベースが存在していることを意味します。ひと言でいってしまえば、「データを保存しただけではなくて、ちゃんとデータベースとしての機能性をもっている」ということです。

この2つのいずれかにあてはまれば、それが著作物の条件である「思想又は感情を創作的に表現したもの」を満たすことになります。そう考えれば、五十音順に電話番号情報を並べただけでの『ハローページ』のようなものでない限り、多くのデータベースには創作性があり、著作物として保護される可能性が高い、ということができます。それは、多くのデータベースが勝手に流用はできず、しかるべき手続きを経なければ不正利用であり、違法行為となってしまうことを意味します。

ソースコードも立派な著作物

次に考えるのはコンピュータプログラム、すなわちソースコードです。これも近年の生活とは切ってもきれない重要なものです。「自分はソフトウェアの開発なんてやってないから無関係」と思う人がいるかもしれません。しかし、そうとはいい切れません。ソースコードが必要となる場面は、何も専門的なソフトウェアやシステムの開発だけではありません。

ソースコードは現在、ホームページの制作など誰にとっても身近で、プライベートな場面でも多く利用されています。商業用ソフトウェアの開発で利用される長大なＣ言語やＪＡＶＡ言語のプログラム《ソースコード》も、小規模なウェブサイト制作で利用されるささやかなＨＴＭＬも同じソースコードです。

しかし、プログラミング言語やアルゴリズム自体に関しては、著作権法の保護対象ではないということはなんとなくわかりますよね。プログラミング言語やアルゴリズム自体を利用するのに、いちいち許諾や確認をとっていては、開発が進まなくなってしまいます。

ただし、そんなプログラミング言語を用いて制作された「ソースコード」には、つくり手（プログラマなど）のオリジナリティや創作性が認められれば、著作権保護の対象になります。逆にいえば、何気なく他人のソースコードをコピペして自分の制作物の中で利用してしまえば、書籍や論文などを無断でコピペしていることと同じ、不正な状態、違法行為となります。

ソースコードの許されるパクリと許されないパクリ

やはりここでポイントになるのは、許されるパクリと許されないパクリの線引きです。

いうまでもなく、既存のソースコードをそのままコピペしてしまえば著作権侵害になります。それは是非もありません。しかし、プログラムという性質上、既存のコードや先行アイデアを利用しつつ、そのうえでさらによいものを組み上げたり、改良したり、精度や質を高めたりしていく、という手法はあってしかるべきことです。進化のスピードが早いコンピュータの世界では、1年前に出されたプログラミングの教科書や参考書などが超短時間で経年劣化を起こし、利用できなくなるような場合は少なくありません。よって、多くの場合でプログラミングの教科書は第三者のソースコードなどである場合が少なくありません。何かのプログラミングをする場合は、それについて書いてありそうな教科書を探すのではなく、まずは同じようなことをやっているソースコード、流用できそうなサンプルプログラム、すなわちパクれるソースコードを検索することから始める人は多いはずです。

そのため、既存のソースコードを参考にしたり、ある程度の加工を施しながら自分のプログラミングに利用するという状態であれば、違法や不正にはあたらないと考えられる場合は少なくないようです。ただし、その加工の度合いが、どの程度であればコピペではないと思われるのかについて、明確な指針や基準があるわけではありませんので、一般的な常識と、感覚から読み取る必要があるかもしれません。

第3章「パクリの技法」で紹介した、文章などにおける批判を回避するための技術なども参考にしつつ、考えてみてください。少なくともちょっといじるだけでは「ほぼコピペ」と断定されてしまうでしょう。変数や記号を変えたぐらいでしかなく、あとは全部コピペしたソースコード……というのであれば、それは間違いなく不正や違法性を認定されるでしょう。そのあたりは常識的なバランス感覚が重要です。

ソースコードのパクリが抱える違法・合法議論を超えた問題

ソースコードのパクリは、ほかの文章やデザインのパクリよりも慎重に考えなければならない問題です。

なぜなら、見た目の類似といった、感覚的にそのパクリの状態が把握できるものとは異なり、ソフトやシステムの内部、つまり「見えない部分」のパクリもあるからです。それはパクリの是非、合法か非合法か、といった議論とは別の問題へと発展する危険性です。パクったソースコードが原因でシステムに予期せぬエラーを発生するリスク、そして、パクったものであるがゆえに修正が困難になるリスクです。２００９年に起きた「Xbox360怒首領蜂《どどんぱち》ソースコード盗用事件」はそれを如実に物語っています。

『怒首領蜂大往生《どどんぱちだいおうじょう》』は２００２年に発表された人気アーケードゲーム《業務用ゲーム機》です。そのバージョンアップ版としてリリースされた『怒首領蜂大往生《どどんぱちだいおうじょう》ブラックレーベル』が家庭用ゲーム機Xbox360に移植され、『怒首領蜂大往生《どどんぱちだいおうじょう》ブラックレーベルＥＸＴＲＡ』として２００９年に発売されます。しかしながら、『怒首領蜂大往生《どどんぱちだいおうじょう》ブラックレーベルＥＸＴＲＡ』は発売直後からソフトの不具合を多発させます。まともにゲームがプレイできないという状態もあり、アーケードゲームの人気作品からの移植だっただけに、不良品として大きな問題になりました。ゲームにバグがある、というのはよくある話ですが、そのバグの原因を調査した結果、判明したことはさらに驚くべきことでした。

『怒首領蜂大往生《どどんぱちだいおうじょう》ブラックレーベルEXTRA』は、旧作である別の制作会社が制作し、著作権を有するプレイステーション2版のソフト『怒首領蜂大往生《どどんぱちだいおうじょう》』からソースコードが無断で複製、大量に盗用されていたのです。別のソフトで利用されていたソースコードの流用ですから、バグや不具合が出て当然です。

もちろん、他者が著作権を有するコンテンツを不正に複製し、無断で利用することは、法的にも道義的にも許されざることです。しかし、ソフトのソースコードというものは、発売されてしまえば中身はそう簡単にはみられませんから、不具合などが起きたり、内部告発などでもない限り、盗用しても発覚はしづらく、そのまま隠し通せてしまうこともあるでしょう。だからといって「やってもよい」ということになりません。

発覚してしまえばソースコードの盗用にかかわった開発会社はもとより、プログラマを含めた制作関係者らのつくり手としての信頼は、完全に失われてしまいます。それは何よりも大きな損失ですし、損害賠償が請求され、経済的なリスクも発生します。情報窃盗の犯人としての責任が問われるのです。一連の騒動により、この制作会社の信頼は失われ、最終的にはソースコードをパクられた側の担当者によって修正版がつくられる、という皮肉な結果にさえなりました。

「女子高生社長ＣＳＳパクリ事件」にみる杜撰とリスク

２０１６年に発生した「女子高生社長ＣＳＳパクリ事件」は、危機意識の低さから発生した杜撰な盗用事件です。当時、「女子高生社長」として著名であった椎木里佳氏が自社で制作したホームページ『ミルピク』（商用）が、他社の制作したニュースアプリ『Presso』のホームページと酷似していることからパクリ疑惑が指摘された事件です。最終的に『ミルピク』は『Presso』のソースコード（ＣＳＳ）をそのまま流用していたことが発覚し、大きな問題になりました。

「Xbox360怒首領蜂《どどんぱち》ソースコード盗用事件」にも似た不正に感じますが、実はちょっと違います。少なくとも、『怒首領蜂大往生《どどんぱちだいおうじょう》ブラックレーベルＥＸＴＲＡ』はパッケージソフトであり、不具合が起きなければその不正は発覚することはなかった可能性があります。擁護するわけではありませんが、一応、「バレないはずだ」という理解のうえで、やっていたはずです。しかし「女子高生社長ＣＳＳパクリ事件」に関してはちょっと状況が異なります。

ウェブサイトは、ＨＴＭＬ、ＣＳＳ、Javascriptといった言語で記述されていますが、パッケージのソフトウェアとは違い、誰もがその内容をブラウザで見ることができます。つまり、誰でも簡単にソースコードを実際にチェックすることができるのです。見た目が同じでも、ソースコードがまったく異なっていれば、見た目の類似が偶然であるという可能性も十分にあ

Web制作者yoshi氏ブログ「KIYOTAKU」における
パクリ疑惑を検証したキャプチャー図

り得ます。しかし、ソースコード自体に流用や複製が認められれば、「これ、盗用じゃない？」という疑惑を払拭することはきわめて困難です

騒動の発生時に、WebデザイナーのKIYOTATU氏がブログ（https://kiyotatsu.com/css_paku/）において、「パクリ先：ミルピク」「パクられ元：Presso」として、両者を見た目だけでなく、ソースコードレベルで比較していますが、これをみると内容はもとより、改行位置に至るまでほぼ同一であることがわかります。

さらには「Presso」で固有に使われているタグまで修正されずにそのまま流用されているような状態でした。これでは類似や参考・流用の域を越え、ただの無断複製です。

ネット万引き・デジタル窃盗の落とし穴

「女子高生社長CSSパクリ事件」から、ソースコードの盗用のような「ネット万引き」や「デジタル窃盗」をしてしまう原因について考えてみたいと思います。このような事件が起きてしまう最大の要因は、インターネット時代の危機管理意識に対する杜撰で未熟な認識です。「甘さ」という表現も使えるかもしれません。「女子高生社長CSSパクリ事件」では、何が杜撰であったのか、をみてみたいと思います。

（1）見た目のデザインをパクった

→　消費者に「これ、○○と似てない？」という印象を与えた。
(2)大手企業のサイトをパクった
→　消費者が簡単に類似元を探知できる状態だった。
(3)ソースコードが誰でも閲覧できるような媒体でパクった
→　ブラウザで誰もが盗用を確認できる状態だった。
(4)パクった箇所を修正することもなく流用した
→　盗用が「偶然」といったいい訳ができない状態だった。

問題発覚までの流れを並べただけで、それがいかに杜撰なパクリであったのかがわかります。パクリの技法としては最低レベルです。椎木里佳氏がマスコミ露出の多い著名人であったことを考えれば、バレないほうが奇跡です。

不正はエンジニアの一存でやったことなのかもしれませんが、経営者であり、責任者でもある椎木里佳氏の管理不行き届きは明らかです。実際の専門的なことや技術的なことはわからなくても、類似サイトをチェックしたり、ブラウザでソース部分をちょっと確認したりする、といったことぐらい、経営者であれば誰でもすることです。実際に自分で確認しないまでも、「これ、パクってないよね？」「ちょっと参考にしたサイトと似すぎているから、もう少し改良してよ」ぐらいのことはいえたはずです。むしろそういったリスクを推測できる能力もＩＴ企業の経営者に求められる重要な能力であるように思います。

一方で、そのような杜撰が生み出される背景には、「ネットのお宝を見つけられるのは自分だけ」というネット世代特有の錯覚があると感じています。

どんなにマニアックなサイトでも、どんなに瑣末なサイトでも、ネット上にあるもので、自分が検索でき、閲覧できるということは、理論的には地球上のすべてのネットユーザーがアクセスできます。決して「自分だけのお宝」ではないのです。そして同じように、誰もが自分のウェブサイトを閲覧できることも忘れてはいけません。やる気になれば、簡単に、検証だってできるでしょう。

しかも、ネット上に公開されているあらゆる情報は、24時間365日、国や地域を越えて永遠に消すことができない状態で公開され続けます。その事実を知らない人は少ないでしょうが、それでもなお、まだまだ甘い、杜撰な考えのままの人が経営者を名乗るレベルでも存在しています。これは若い世代で、特に顕著です。

1980年代以前に生まれた人であれば、学生時代にコンピュータやインターネットにふれ、その危険性や利便性の両方を享受しながら、ネットとリアルとの距離感を定め、コントロールしてきました。その中で、痛い目に遭った経験をもつ人も多いはずです。そういった人たちの「人柱」の上に、現在の「それなりに安心できるネット環境」が構築されています。

対して、環境整備がなされた後に生まれた世代、具体的には1990年代以降に生まれた世代は、生まれて初めてもったインターネットデバイスはパソコンではなく、ゲーム機やスマートフォンです。パソコンによるネット接続で苦労をした経験もありません。1980年代以前の世代には敷居が高いといわれる、「ネットでお金を使う」ということに対する抵抗もありません。もっといってしまえば、自分がインターネットを利用している感覚もないままに、生活のあらゆる場面で、日常生活の一部として、特に危機意識などをもつことなく縦横無尽にネットを利用しています。それはすごいことではありますが、一方で、危険なことでもあります。ネットに限らず、何よりも怖いことは、「怖いということ」を意識していない状態だからです。

だからこそ、インターネットが特別なことではなく、それを意識することすらない状況でネットにどっぷりと浸かった生活をしている若い世代こそ、ネットの杜撰な利用、杜撰な意識によるヒューマンエラーの大きな問題を生み出していることが少なくありません。

「女子高生社長ＣＳＳパクリ事件」はまさにそんな世代的未熟な意識が生んだ騒動といえるかもしれません。やり方さえ間違えなければウェブサイトが盗用であると騒がれることも、検証されることもなかったはずです。せいぜい「似ているよね」という、ＳＮＳでのネット民ベースの罵詈雑言になるだけで「偶然です」といってしらを切り、うやむやにすることもできたはずです。

この事件はパクリの技法が未熟であったことによる典型的な騒動だったのかもしれません。その意味では「Xbox360怒首領蜂《どどんぱち》ソースコード盗用事件」よりも今日的で、病根の深い事件であるといえます。

でも、ソースコードのパクリは悪くない？

ウェブデザインを勉強する場合に、他人のソースコードなどを参考にしながら、学び、技術を盗んだり、問題を解決したりする人は多いはずです。筆者もそんな1人です。のぞき見ることのできるウェブサイトのソースコードを参考にし、技術を盗み、取り込み、質を高め、完成度を向上させていく。このこと自体は悪いことどころか、最新の生きた参考書を効果的に利用しているわけですから、私のような大学教員からしてみれば、むしろ推奨していることです。学生から「ウェブデザインのよい参考書を教えてほしい」と聞かれたら、私はたいがい次のように答えます。「まずは書籍ではなく、自分が好きなウェブサイトがどんな構造、どんなデザインになっているかを観察し、ソースコードなどをのぞき、自分でパクリながらいろいろと試してみてください。それでどうしてもわからないことがあれば、その部分を参考書やチュートリアルサイトなどで調べてください。具体性もなく、漠然と教科書や参考書を読み始めても、絶対にウェブデザインはマスターできません」と。

突き放しているようですが、経験的に、それがウェブデザインを学ぶには最速であると感じています。なぜなら、教科書の類は丁寧であるがゆえに、余計なことも数多く含まれているからです。もちろん、初心者にとっては重要なことなのかもしれませんし、それを学ぶこと自体を否定はしませんが、起きていない問題を予測して学ぶよりは、問題が起きてから解決策を学ぶ、いわゆる「問題解決型」のほうがウェブデザインやプログラミングの習得には適しているように思います。

ただし、そのような「パクリによる学び」も、勉強や参考、サンプルや私用の域を越えて、ましてや商用サイトに使うとなれば話はまったく別です。それが意図的であれば単なる犯罪だからです。

その辺りをよく理解したうえで、パクリを学びに利用することが重要です。パクリ方を間違えれば犯罪ですが、正しいパクリには多くの可能性とメリットがあるのですから。

何がパクれて、何がパクれないのか？

表やグラフ、データベースあるいはソースコードなどは、科学の論文や書籍には不可欠なものです。数値も表もグラフもデータも、それが客観的な事実を単に格納したり、つなげたりしただけでは創作性は認められません。しかし、それを論文や書籍といった形でまとめるときに、そのまとめ方や書き方、あるいはその文章や表現に創作性があるわけで、著作物性があり、著作権法の保護の対象になります。

もちろん、解説も表現もまとめもなく、ただ数式だけ、表だけ、グラフだけが羅列されているだけであれば、そこに創作性は発生しません。しかし、そんなものはめったにありません。

例えば、事実が並べられ、説明されている理工書や技術書があるとします。人文系であれば、資料集でもよいかもしれません。いずれにせよ、ある明らかとなった事実、ある定められた事実が並べられ、説明や解説がなされているわけですが、それに対して創作性はないじゃないか。オリジナリティがないじゃないか、著作権保護の対象ではない、こんなものは誰でも自由に利用できてしかるべきだ……などと主張はできるでしょうか。

理工書や技術書に対してそのように考える人は、「創作性」や「創作的な表現」に対して勘違いをしているように思います。

書店に行き、理工書・技術書あるいは人文系であれば資料集のコーナーに行ってみてください。同じようなテーマ、内容でたくさんの本が出版されています。はっきりいってしまえば、どれも同じようなことが書いてあります。どの本でも、1冊を読み通し、理解することができれば、最終的に得られる知識や技術に大きな違いはないはずです。にもかかわらず、数多くある同一テーマの本の中にも、売れ行きに違いがあります。ベストセラーやロングセラーがある一方で、不人気な本、すぐに絶版になる本、人知れず埋もれていく本……さまざまに存在しています。同じ内容であるにもかかわらず、です。

これが意味していることは何でしょうか?

その答えは簡単です。たとえ同じ内容で、目的とするゴールが同じだったとしても、その書き方、つくり方、表現方法、見せ方、図や表の構成や配置、もしかしたらちょっとしたイラストや、気にもならないような小さなデザインや工夫……そういった、単に内容だけではない見た目も含めた細かいつくり込みや設計の中に、読者や消費者の関心を左右する、そして売り上げに大きく影響を及ぼす「何か」が存在しているからです。その「何か」の部分にこそ、創作性であり、つくり手の思想や感情を創作的に表現したオリジナリティがあるわけです。

自主規制がコンテンツを「つまらなく」する

本章では何を、どこまでパクれるのか？　という問いに対して数式や表・グラフなどの、なかなか理解があいまいな、著作権法がいうところの「創作的に表現」では説明しづらい事例を対象に考えてみました。

パクリを理解し、その技術を高め、トラブルに遭わない／遭わせないためには、著作権や著作物の概念について理解しておくことが重要です。しかし、その理解というのは、著作権法の専門家になれ、法律をよく学んでおけ、という意味ではないことだけは強く主張しておきたいと思います。「著作権オタク」になることとパクリの技法をマスターすることは、イコールではありません。

そもそも、つくり手が中途半端な法律知識で「これは著作権法ではどうですか？」みたいなことばかりを気にして、調べたり議論することに実りはありません。そんな議論をすることはつくり手の仕事ではありませんし、議論した結果「やっぱり止めておこう……」などと創作活動に消極的になってしまうようなことがあれば、本末転倒です。一度もってしまった自主規制の意識はなかなか消し去ることはできません。その結果、「あれもダメ、これもダメ……」となり、無限に何もできなくなってしまいます。そんな意識ではパクリの技法をマスターすることはできません。

つくり手が、クリエイティビティよりも先に「法令遵守」のようなことを考え始めることは、表現や創作の世界にとってはきわめて危険です。

例えば、近年「テレビがつまらなくなった」といわれています。その理由には、インターネットの登場によってメディアと娯楽が多様化したため、「テレビ＝娯楽の王様」ではなくなりつつあるという現実が大きいのは確かです。一方で、近年のテレビ業界でよくいわれている「つまらなくなった理由」は、「コンプライアンス」という言葉の存在が大きく作用しているとされます。2000年代に入ったころから、テレビ業界で耳にするようになった「コンプライアンス」という言葉ですが、これはひと言でいってしまえば「ルールを守る」ということを意味します。ここでいう「ルール」とは、法律を守ることは当然として、社会規範、倫理や常識といった「社会一般に守ったほうがよいとされるルール」ということになります。そういうと、それまでテレビは社会一般に守ったほうがよいルールを守ってこなかったのか？　と疑問にもつ人もいるかもしれません。結論からいってしまえば、守っていませんでした。

例えば……

＊演出も台本もあるのに、本当の探検であるかのごとく「ジャングル探検」を描き、仕込みの原住民や猛獣と危険な戦いをくり広げるドキュメンタリー風の番組

＊いじめや差別を助長したり、肯定したりするかのような表現を利用した番組
＊卑猥性を想起させるような（アダルト）番組
＊身体障害（巨人症や小人症など）を利用した「びっくり人間」のような番組
＊民族や人種の特徴を誇張して表現するような番組
＊視聴者が真似をすると危険な番組
＊動物を利用した、「動物虐待」を指摘されそうな番組

……などなど、あげればきりがありません。要は「やらせ」とか「（現在の良識からみた）非常識」なものは、現在のテレビ番組ではつくることができなくなりましたが、90年代以前にはゴールデンタイムで高視聴率を獲得する人気番組、名物番組として数多く存在してきました。

もちろん、その変化が社会の要請であり、社会が健全化するためには不可欠なものであれば致し方のないことなのでしょう。しかし、それによって表現の幅は確実に狭まります。

いまのテレビドラマでは、ヤクザの親分や極悪人でもシートベルトを締めて車に乗っています。もちろん、交通ルールに対する意識の向上もあり、やむを得ないのでしょうが、やはりリアリティに欠けます。ドラマに登場する悪役たちには、シートベルトを締めない、バイクでヘルメットを被らない、といったぐらいの「悪さ」があってほしいものです。しかし、「エンターテインメントだから」といったいい訳は現在ではもはや通用しないのです。

ただし、こういったコンプライアンス意識の高まりによるルールの厳格化だけが「テレビを

つまらなくする（＝動けなくする）」のではありません。むしろ、コンプライアンスという意識がコンテンツ制作や番組づくりの現場に浸透することで、あらゆる場面で「こんなことはやってはいけないはずだ」という意識が芽生え、コンプライアンスや社会規範以上に自主規制を、つくり手の側が自ら課してしまい、実際のコンプライアンス以上に、表現の幅を狭めているのです。

それがどんな分野であれ、何かを創作するつくり手が、著作権侵害に怯え、法律談義ばかりして、結局、何も表現できずに創作の幅を自ら狭める……そんなことになってしまっては本末転倒です。著作権をめぐる状況も同じような状態にあるように思います。

パクリに対する正しい技法があれば、著作権侵害をおかしたり、トラブルに見舞われてしまうようなことはそうそうありません。著作権侵害で大きな問題になっているケースのほとんどは、未熟な技法で、杜撰なパクリをしているケースばかりです。

創造的で価値ある表現を実現させるためには、過去からのパクリ、先行事例からのパクリはなくてはならないものです。あらゆるパクリが問答無用に著作権侵害であり、許されざるものであるとすれば、人類の文化も文明も発展してこなかったはずです。

著作権を侵害し、問題を起こしているのは「間違ったパクリ」ばかりであることを忘れてはいけません。

5章

〝自炊〟は合法？
～改正著作権法で何が変わるのか

著作物って何？

著作権を理解するためには、まず「著作物」についてしっかり把握しておく必要があります。あたりまえかもしれませんが、著作物でなければ著作権法で保護されるわけではないからです。法律的には、「自分でつくったものだから、すべて著作物」ということにはなりません。めったやたらに「著作権を侵害するな！」と騒ぎ立てるような場面に遭遇することもありますが、もしかしたらそれらの中には、著作権法で保護されないものが含まれている可能性だってあるわけです。

著作権法において「著作物」とは、以下のように定義されています。

> 思想又は感情を創作的に表現したものであつて、文芸、学術、美術又は音楽の範囲に属するものをいう。（第2条第1項第1号）

つまり、つくり手の思想や感情が表現されているものでなければ、著作物には当たらないというわけです。例えば、計測データなどは、つくり手の思想や感情は伴わない客観的な事実にすぎませんから、「創作的」ではなく著作物にはなりません。ありふれたものにもつくり手の創作性はありませんから、著作物には該当しません。また、「文芸、学術、美術又は音楽の範囲に属する」必要がありますから、工業製品なども著作物には該当しない、ということになります。

もちろん、著作物になるためには「表現したもの」である必要がありますので、考えただけの、単なるアイデアなども著作物にはなりません。アイデアは特許法などによって保護されるまったく別の権利です。

こうみてみると、著作物ではないものって意外と多いと思いませんか。

料理のレシピやクイズの問題は著作物ではない

筆者にはテレビ局やテレビ番組の制作会社で番組制作をしている知人が多いのですが、番組制作における著作権の面白いエピソードを聞くことがあります。

それは、「料理番組で制作するときに利用するレシピには著作権がないので自由に使える」、「クイズ番組で利用するクイズには著作権がないから、過去のクイズ番組からいくらでも問題をパクってこられる」というものです。

もちろん、料理のレシピが著作物でなく、著作権法の保護対象外であったとしても、そのレシピが掲載された本や文章、あるいはそのレシピ料理を撮影した写真には著作権はありますから、そういうものまで無視できるわけではありません。クイズ問題も同様です。クイズ問題の「問題と回答」それ自体には著作権はなくても、それを問題文として文章化したり、本や文書として表現したものは、クイズ問題とは関係なく、著作物となります。

「著作者の人格権」

①公表権（著作権法第18条）
②氏名表示権（著作権法第19条）
③同一性保持権（著作権法第20条）
④著作者の名誉や声望を害する方法での利用を禁止する権利（著作権法第113条6項）

「著作権（財産権）」

①複製権（著作権法第21条）
②上演権及び演奏権（著作権法第22条）
③上映権（著作権法第22条の2）
④公衆送信権等（著作権法第23条）
⑤口述権（著作権法第24条）
⑥展示権（著作権法第25条）
⑦頒布権（著作権法第26条）
⑧譲渡権（著作権法第26条の2）
⑨貸与権（著作権法第26条の3）
⑩翻訳権、翻案権等（著作権法第27条）
⑪二次的著作物の利用に関する原著作者の権利（著作権法第28条）

著作権って何？

著作権は、著作物を生み出した瞬間に発生します。特許や商標のように、登録や申請をする必要はありません。これを「無方式主義」といいます。絵を描いたり、音楽をつくったり……と、一度でも何か創作活動をしたことがあれば（もちろん、ありますよね？ 誰だって幼稚園や小学校のときにお絵かきをしているはずですから）、それに著作権は発生していますから、誰でも少なからず著作権をもっていることになります。

なお、著作者の権利は「著作権（財産権）」のほかに、「著作者の人格権」によって守られています。つまり、著作者の権利には、財産的側面と人格的側面の両面がある、というわけです。これから詳しく説明をしますが、財産的側面は譲渡が可能ですが、人格的側面は譲渡できるようなものではありません。

著作者の人格権

著作者の人格権は、著作者（創作者）の、著作物に対する創作者としての名誉や感情を守る、精神的に傷つけられないための権利です。これも著作権と同様に、著作物を創作すると自動的に発生する権利です。創作者の著作物への感情は創作者本人にしかありませんから、譲渡したり相続したりすることもできません。

なお、著作者の人格権は著作者が死亡したり、権利を有する法人が解散したりしたときには消滅します。しかし、権利者が死亡したり解散したりしたからといってなんでも好き勝手できるわけではありません。著作権法では、著作者が死亡したり、法人が解散したりした後でも、仮に生存・存在していれば著作者の人格権の侵害になるようなことには、侵害を認めています。

次のように、著作者の人格権は個々のいくつかの権利で構成されています。

① 公表権（著作権法 第18条）

著作者が自分の著作物をいつ、どのように公表するか、ということを決めることができる権利です。そもそも公表するかどうか、ということ自体を決めることができます。また、どのような方法で公表するのか、といったような具体的なことを決定する権利も守られます。

なお、未発表の著作権を他人（第三者）に譲渡した場合はどうなるでしょうか？　これに関しては、未発表の著作権を譲渡した時点で、「公表に同意した」と考えられます。

② 氏名表示権（著作権法 第19条）

著作物を公表する際に、著作者の氏名を表示するかどうか、匿名化するか、あるいはペンネーム（変名）とするか、といったことを決めることができる権利です。なお、著作者名が表示されていないような著作物も多く目にしますが、これらは「氏名非表示＝権利侵害」というわけではありません。

著作物を流通させるうえで、必要に応じ著作者氏名の表示は、一定の場合で省略することが可能です。

③同一性保持権（著作権法第20条）

ちょっとわかりづらい表現ですが、ひと言でいってしまえば、著作物に対して、著作者の意に反したような改変はしない／されないという権利です。第三者によって、勝手に修正されたり、改変されたりしない権利を意味します。これは近年ではさまざまな問題として目にします。

例えば、既存の著作物をまったく関係ない第三者がパロディとしてリメイクしたり、二次創作で利用したりします。あるいは、それにさらに手が加えられる三次創作、四次創作……と同人活動では無限な加工が常態化しています。これが、同人文化はもとより、日本のアニメ・漫画・ゲームといったコンテンツ産業の柱の1つになっていますので、一概に否定をすることはできませんので、難しい問題です。

しかし、ネットの世界では、既存コンテンツを無断で加工し、本人の意に反しているような方法と表現で流通される場合もめずらしくありません。政治家の写真に悪意ある加工をほどこして揶揄《やゆ》したり、かわいいキャラクターを残虐な描写にしてみたりなど、あげればきりがありませんが、これらは明らかに同一性保持権を侵害しており、許されない行為です。

④ 著作者の名誉又は声望を害する方法による利用を禁止する権利（著作権法 第113条6項）

これは著作物が、著作者の名誉を損なうような方法・目的で利用されないようにするための権利です。例えば、少年少女向けに夢を与えるような漫画作品を想定します。かわいい、誰からも愛されるキャラクターが登場し、学校や教育現場などでも利用されるコンテンツです。

それが、その作品のイメージであり、ブランディングでもあり、著作者もそうなることを願って作品づくりをしています。そんな作品をアダルトコンテンツのイメージキャラクターとして利用したとします。このとき、著作者は自分の作品が、そのような場面で利用されることは望んでいないことは明らかです。著作者の名誉が損なわれてしまうような事態から守るための権利です。

著作権（財産権）

「著作権（財産権）」とは、著作者が著作物を占有的・独占的に利用する権利です。文字どおり、財産としての著作物が生み出す著作者の利益を守る、ということが目的です。つまり、著作物の財産的な価値は著作権によって保護されます。

これは、不動産などのほかの財産と同様に、譲渡したり相続したりすることが可能です。つまり、他人が本来の著作者がもっていたものと同じ著作権を相続したり譲渡したり、保有する

複製権の例外規定の例（すべて著作権法の条文）

・私的使用のための複製（第30条）
・図書館等における複製等（第31条）
・引用（第32条）
・教科用図書等への掲載（第33条）
・学校教育番組の放送等（第34条）
・学校その他の教育機関における複製等（第35条）
・試験問題としての複製等（第36条）
・視覚障害者等のための複製等（第37条）
・聴覚障害者等のための複製等（第37条の2）
・営利を目的としない上演等（第38条）
・時事問題に関する論説の転載等（第39条）
・政治上の演説等の利用（第40条）
・時事の事件の報道のための利用（第41条）
・裁判手続等における複製（第42条）
・行政機関情報公開法等による開示のための利用（第42条の2）
・公文書管理法等による保存等のための利用（第42条の3）

・国立国会図書館法によるインターネット資料及びオンライン資料の収集のための複製（第43条）
・放送事業者等による一時的固定（第44条）
・美術の著作物等の原作品の所有者による展示（第45条）
・公開の美術の著作物等の利用（第46条）
・美術の著作物等の展示に伴う複製等（第47条）
・美術の著作物等の譲渡等の申出に伴う複製等（第47条の2）
・プログラムの著作物の複製物の所有者による複製等（第47条の3）
・電子計算機における著作物の利用に付随する利用等（第47条の4）
・電子計算機による情報処理及びその結果の提供に付随する軽微利用等（第47条の5）
・翻訳、翻案等による利用（第47条の6）
・複製権の制限により作成された複製物の譲渡（第47条の7）

ことができるのです。著作者の人格的利益を保護するための「著作者の人格権」とは対極にある権利だといえるでしょう。

さて、この著作権（財産権）も個々の複数の権利によって構成されています。

① 複製権（著作権法 第21条）

著作物を印刷したり、写真で撮影したり、コピー機などで複写したり、録音や録画などで複製できる権利です。著作物は著作権者の許諾なく勝手に複製し、それを利用することはできません。しかし、これには例外があります。

前ページの表のとおり、複製権には本当に多くの例外があることがわかります。

② 上演権及び演奏権（著作権法 第22条）

不特定多数の人に、著作物を見せたり、聴かせたりする権利です。演劇の舞台や演奏会など、あらゆるパフォーマンスが該当します。

③ 上映権（著作権法 第22条の2）

著作物をフィルムやDVD、あるいはそれ以外のさまざまなメディアで収録して、不特定多数の人の前で見せるために「上映」する権利です。

④ 公衆送信権等（著作権法 第23条）

著作物を放送やインターネットなどで公衆に送信し、伝達することのできる権利です。テレビやラジオの放送はもとより、インターネット、メールやファックスといったものが含まれます。

権利者の許諾なく、勝手に著作物を公衆送信することはできません。ホームページに著作物が表示されている状態は、「自動公衆送信」と呼ばれます。利用者（公衆）がアクセスすれば、自動的に表示されるからです。

ほかにも、「送信可能化」という行為も、公衆送信権で守られる対象になります。著作物をサーバにアップするなど、送信可能な状態にすることですが、著作権者に許諾なくそのような状態をつくってしまえば、仮に公衆（閲覧者）からアクセスがなかったとしても権利侵害になります。

ところで、勝手に公衆に向けて著作物を送信するのは違法……といわれると、例えば定食屋などに設置されたテレビなどはどうなるのか？　と思い浮かびます。しかしこれには例外があり、家庭用受像機（普通の家庭用テレビ）を用いて飲食店などでテレビ番組を見せることは適法になります。

⑤ 口述権（著作権法 第24条）

これは、著作物を口頭によって公に伝える権利です。具体的な著作物の朗読などがあてはまります。

⑥ 展示権（著作権法 第25条）

「美術の著作物の原作品」と「未発行の写真の著作物の原作品」に対する権利です。例えば、美術品などが売買されると、所有権は作者（著作者）から購入者に移ります。しかし、著作者が著作権を譲渡するという契約で売買していない限り、著作権は著作権者が保持したままです。そういった場合、購入者は所有権をもっていたとしても、著作者の許諾なく、勝手に複製をしたり、展示したりすることができません。

じゃあ、著作者から作品を買った所有者が展示できないの？　と疑問をもつかもしれません。これにも例外規定があり、原作品の所有者は、その著作物を展示することが許されています。

⑦ 頒布権（著作権法 第26条）

これは、映画の著作物にだけ認められた映画特有の権利です。「頒布」とは、有償無償かを問わず、不特定多数にものを譲渡したり、貸与したりすることを意味します。よって、頒布権とは、映画の著作物をその複製物によって頒布するという権利です。つまり、映画の著作権者＝頒布権者の許諾なく、映画の著作物を頒布することはできません。例えば、頒布権のない人が勝手に映画館をやることはできません。

なお、「著作権者がもういなくなってしまって、連絡ができない。そんな状況にある作品を上映したいのだけど……」といったような場合は、一定の条件を満たせば、文化庁長官の裁定によって利用することも可能になります。

⑧ 譲渡権（著作権法 第26条の2）

映画の著作物を除く著作物について、その原作品または複製物を譲渡により、公衆に提供することのできる権利です。これは1999（平成11）年の著作権法改正時に新たに設けられたものです。ここで「映画の著作物を除く」とされている理由は単純で、譲渡権よりも強い権利である「頒布権」が認められているからです。つまり、映画の著作物には頒布権が認められているので、逆に譲渡権の対象になっていません。

ちなみによくある誤解として、コンピュータソフトウェアを「購入した＝譲渡された」と考えている人が多いのですが、ソフトウェアの場合は、ほとんどのケースで譲渡はされていません。ソフトウェアの販売とは、ほとんどの場合、ソフトウェアを利用する権利、すなわち「ライセンス」だけを販売しているからです。

⑨ 貸与権（著作権法 第26条の3）

文字どおり、映画の著作物を除く著作物について、その複製物の貸与（レンタル）によって、公衆に提供することのできる権利です。これも当然ですが、著作権者の許諾がなければ、勝手に貸与することはできません。

貸与を許諾した場合には、著作者には「報酬請求権」が認められており、その報酬を請求することができます。

⑩ 翻訳権、翻案権等（著作権法 第27条）

著作物を翻訳したり、編曲したり、変形したりする権利を指します。身近な例でいえば、映画を小説にしたり（ノベライズ）、映画を漫画化（コミカライズ）したり、アニメ化したり、ゲーム化したりといったさまざまな手法が存在しています。それらに対して著作権者が有している権利です。

よって、著作権者の許諾を得ることなく、第三者が勝手に著作物を翻訳・翻案することは権利侵害となり、許されていません。

⑪ 二次的著作物の利用に関する原著作者の権利（著作権法 第28条）

翻訳・翻案の結果、新たに生み出された編曲や映画化作品、漫画化作品などの「二次的著作物」にも、当然、著作権は発生し、その権利は守られます。

また、翻訳・翻案のもととなっている原著作（オリジナル）の著作権者にも権利があり、保護されています。具体的には、オリジナルの著作権者には、二次著作物をつくることを許可する権利や、その二次著作物を利用する際にも、許可をする権利を有しています。

改正著作権法＝メジャーアップデート

２０１９年1月1日から施行された「著作権法の一部を改正する法律」は２０１８年5月18日に、第１９６回通常国会の参議院本会議において成立し、同年5月25日に公布されました。今回の改正著作権法は、デジタルネットワーク時代のニーズに対応すべく見直しがなされ、出版業界などを中心に大きな衝撃をもたらしており、いわば著作権法のメジャーアップデートといえるでしょう。

なお、今回の改正では、著作権の保護期間もこれまでの50年から70年へと延長されました。したがって現在では、原則として著作者の死後70年間、そのほか無名・変名であったり、団体名義である場合は、公表から70年、実演の場合は、実演が行われてから70年、レコードは発行後70年が著作権の保護期間です。なお、映画に関しては今回の改正前からすでに保護期間が70年に定められていたので変更はありません。

政府は今回の改正のポイントとして、以下の４つをあげています。

（1）デジタル化・ネットワーク化の進展に対応した柔軟な権利制限規定の整備（著作権法第30条の4、第47条の4、第47条の5等関係）

（2）教育の情報化に対応した権利制限規定等の整備（著作権法第35条等関係）

（3）障害者の情報アクセス機会の充実に係る権利制限規定の整備（著作権法第37条関係）

（4）アーカイブの利活用促進に関する権利制限規定の整備等（著作権法第31条、第47条、第67条等関係）

これら4つの改正のポイントについて以下にまとめてみたいと思います。

デジタル化・ネットワーク化の進展に対応した柔軟な権利制限規定の整備

「デジタル化・ネットワーク化の進展に対応した柔軟な権利制限規定の整備」。この1文だけ読んでも、わかるようでわからない……といった印象を受けますね。特に、「権利制限規定」という聞き慣れない用語がありますが、これが今回の改正のポイントでもあります。「権利制限規定」とは、「著作権者の権利を制限して、著作権者の許諾がなくても著作物を利用することができる例外的な場面を定めた規定」です。

つまり、「デジタル化・ネットワーク化の進展に対応した柔軟な権利制限規定の整備」とは次のようなことを意味しているわけです。

近年のデジタル化社会、ネットワーク社会の進展と一般化に伴い、以前の著作権法の概念では想定し得ないような著作物の利用方法や利用状況が誕生しています。それどころか、著作物そのものの位置づけ自体が、デジタル化・ネットワーク化＝インターネット時代の以前と以後では大きく変容しています。現在の著作権や著作権法の考え方では、その変化に柔軟に対応することができません。そこで、著作権者の許諾がなくても、第三者が著作物を利用できる場面を定める「権利制限規定」を整備しましょう、というのがその意味です。

ただし、「著作物等の市場に悪影響を及ぼさない一定の著作物等の利用」という前提があるので、どれもこれも、自由にその例外的な場面ができるわけではありません。さらにいえば、日本人や日本企業の著作権に関する理解や意識、あるいは法律などを踏まえ、日本独自の考え方として現在の日本に最適な「権利制限規定」を検討した、とあります。この規定の整備には大きく3つのポイントがあります。

ポイント1：著作物に表現された思想又は感情の享受を目的としない利用（著作権法 第30条の4関係）

これも非常にわかりにくい表現です。ちょっと具体的に、次のような状況を想定して考えてみたいと思います。

コンピュータを利用して技術開発や情報解析などで著作物を利用する場合などは、その著作物がもつ思想性や感情表現などを楽しむわけではありません。このような目的である場合は、著作物を著作権者の許諾がなくても利用することができる、というわけです。

例えば、近年発展の著しい人工知能《AI》などの開発には、さまざまなデータベースが必要です。

つまり、ＡＩがより知的に振る舞えるようにするには、さまざまな学習用データベースをＡＩに登録する必要があります。ＡＩは登録されているデータベースが多ければ多いほど、人間と同じで、より知性としての判断基準が多くなるわけです。しかし、そのようなデータベースを記録することの目的は、もとの著作物が表現する思想や感情を享受することではありません。よって、許諾がなくても利用は可能になるのです。ＡＩ社会が到来しつつある今日、こういった状況での利用と、それに付随する問題は今後多発するでしょう。

ポイント２：電子計算機における著作物の利用に付随する利用等（著作権法 第47条の4関係）

まず、「電子計算機」という用語がわかりにくいかもしれません。電子計算機を英語でいうと「コンピュータ」です。「電子」は「デジタル」ですから「デジタルコンピュータ」となります。今日、デジタルではないコンピュータは存在しませんから、要は皆さんが日常で利用しているパソコンやタブレットなどはすべてこれに該当します。

「電子計算機における著作物の利用に付随する利用等」をいいかえれば、「コンピュータが著作物を利用するときに、それに付随した利用が目的であれば、著作物は許可なく利用できますよ」という意味です。ここでいう「付随した利用」とはどんな場面でしょうか？　これもこのままではイマイチ想像できません。これも具体的にいうと、「コンピュータが著作物を利用するときに円滑化・効率化をさせる目的」の場合、「コンピュータが著作物を利用する状態を維持したり、復旧したりすることが目的」の場合などです。

身近な例で考えます。

音楽プレイヤーに記録された音楽ファイルや、電子ブックリーダーに記録された電子書籍をもっている人は多いはずです。この音楽プレイヤーやブックリーダーを交換する場合に、記録された音楽ファイルや電子書籍のデータはどうなるでしょうか？　複製が禁じられている場合、新しい音楽プレイヤーやブックリーダーのために大量の音楽や本を再度買い直さなければならなくなります。一度、買っているのに、こんなことは現実的ではありませんよね。

このような場合、一時的に他の記録媒体に複製しなければ、新しい音楽プレイヤーやブックリーダーに移すことができません。こういったことが目的の場合、複製が許諾なく行えるようになります。

ポイント3：電子計算機による情報処理及びその結果の提供に付随する軽微利用等（著作権法 第47条の5関係）

ポイント1、ポイント2以上にわかりづらい記述です。これも具体的に説明してみたいと思います。

例えば、書籍の検索サービスで考えてみます。今日、書籍を検索する場合、その書籍のキーワードなどから検索をすることが多いと思います。そういった場合に、その書籍の中で、使われているキーワードを含んだ文書の一部を提供する必要があります。そういった目的で利用する場合などに、許諾なく著作物を利用することができるというものです。

教育の情報化に対応した権利制限規定等の整備

近年、学校をはじめとした教育現場ではＩＣＴ（Information and Communication Technology：情報通信技術）を利用した教育学習環境が急速に整備されています。国はオンラインなどによる遠隔教育を今後一層、推進させることを狙っています。

これまでも、非営利の教育機関であれば、著作権者の許諾なしで著作物の利用はできました。さらに、その著作物が利用された授業などのオンライン配信も許されていました。今回の改正では、その利用範囲を拡大し、予習・復習のような時間差のある場合でも配信を可能にしました。

ただし、著作物を利用する学校や教育機関が、権利者に対して補償金の支払いが必要になるという点がポイントです。

これを具体的な事例で考えてみます。

学校の先生が他人の著作物を利用して作成した予習・復習用の教材を生徒や学生あてに公衆送信したとします。このような場合、先生は権利者の許諾なく著作物を利用することができるわけですが、その際の条件として「文化庁長官が指定する単一の団体への補償金支払い」が必要となる、というわけです。ここでいう「文化庁長官が指定する単一の団体」とは、「指定著作権等管理事業者」のことです。現在、「一般社団法人 日本音楽著作権協会」「協同組合 日本脚本家連盟」「協同組合 日本シナリオ作家協会」「公益社団法人 日本複製権センター」「一般社団法人 日本レコード協会」「公益社団法人 日本芸能実演家団体協議会」「有限責任中間法人 出版物貸与権管理センター」などが指定著作権管理事業者として存在しています。

障害者の情報アクセス機会の充実に係る権利制限規定の整備

これは、障害者の情報へのアクセス機会をこれまで以上に向上させることを目的としています。以前の著作権法でも、視覚障害者のため、書籍の音訳（読み上げ）は権利者の許諾なく行うことができましたが、これに加え、手足を失った人（肢体不自由等）もその対象に含まれる、という規定が明確化されました。さらに、複製やインターネット送信だけでなく、新たにメール送信も権利制限の対象となりました。

すなわち、これらの目的のためには、権利者の許諾がなくても著作物を利用することができます。

アーカイブの利活用促進に関する権利制限規定の整備等

重要資料、文化資料などの収集・保存・利活用のためのアーカイブ（記録保存）構築と、その利用促進を進める目的であれば、権利者の許諾なく、著作物を利用することができます。これには3つのポイントが述べられています。

ポイント1：国立国会図書館による外国の図書館への絶版等資料の送信（著作権法 第31条関係）

絶版などで、入手困難になった資料でデジタル化されたものを「日本文化の発信等」という観点から、外国の図書館などへ送信することができるという規定です。

ポイント2：作品の展示に伴う美術・写真の著作物の利用（著作権法 第47条関係）

美術館や博物館などに行くと、最近では、スマートフォンのアプリケーションやタブレット端末などで作品解説などを閲覧することのできるサービスが広がっています。従来であれば、紙のパンフレットか音声ガイドだけでしたが、デジタルデバイスを利用することで、それらでは理解が難しかったことも、柔軟でインタラクティブに表現することが可能になってきました。

そのような状況を踏まえ、美術館などで来場者に利用されるデジタルデバイス（電子機器）への写真などの掲載については、「必要と認められる限度」において、許諾なく利用することができるようになりました。

さらに、美術館などが展示作品についての情報を広く周知（提供）することを目的にする場合でも、「必要と認められる限度」において、著作物のサムネイル画像（小さい画像）をインターネット上で公開することが可能になりました。

ポイント3：著作権者不明等著作物の裁定制度の見直し（著作権法 第67条等関係）

「著作権者不明等著作物の裁定制度」とは、権利者が不明の著作物を利用する際、文化庁長官が定める金額の補償金を権利者のために「供託」することで、著作物を利用できるという制度です。今回の改正で、その制度についてより柔軟に見直そう、というものです。

権利者が不明の著作物は「オーファンワークス（孤児著作物）」と呼ばれ、この数は非常に多く、過去作品の利用の敷居を高くしています。オーファンワークスにように権利者がいない著作物では、許可のとりようがありません。したがって、オーファンワークスだったものの権利者が、将来現れたときに備え、文化庁が使用料（補償金）を納入させる。これが「供託」というわけです。

しかし、この「供託」が曲者であり、それまでの経緯からしても権利者が現れることなどきわめてまれですから、納入した補償金は使われることもなく、文化庁が保管しっぱなしになってしまっています。連絡できない権利者のために、強制的に支払わされる使用料は無駄としかいいようがありません。そこで今回の改正では、仮に権利者が出現した場合でも、そのときに補償金を確実に支払うことのできるようなケース（例えば、使用者が国や地方公共団体などの場合）には、事前に供託を求めないことになりました。

書籍をスキャンする〝自炊〟

書籍をスキャンしてデータ化し、複製することを〝自炊〟といいます。自炊とは、物理的な書籍を電子書籍にする作業のことを意味しています。〝自炊〟の語源は、書籍からデータを「自ら吸い出す」ことから、そう名づけられました。いわゆるネットスラングです。

自炊により購入した書籍をデータ化することで、パソコンやスマートフォン、タブレットなどでも読めるようになるだけでなく、大量に保存し、もち歩くことができるようになります。

しかし、自分で購入した書籍を自分で利用するためだけに自炊しているのであればよいかもしれませんが、それには当然、著作権侵害や違法コピーといった問題がついて回ります。私的に利用するためになされる自炊であれば、自炊自体が違法行為になることはありません。しかし、それが私的利用の範囲を越え、例えば不特定多数に送信されるものであったり、自炊で作成されたデータから複製品が生成されたりするようなことがあれば、もちろん著作権侵害に該当します。私的利用か非私的利用かの線引きをしたり、証明したりすることが難しいのも事実です。

しかし、物理的な書籍を自炊（電子書籍化）することは難しいことではありません。書籍を1ページごとにスキャンしていけば、自動的にPDFや画像データのような汎用形式で保存されますので、スキャン即電子書籍化になるわけです。

また、自炊の方法には「破壊的スキャン」と「非破壊的スキャン」の2つの種類があります。「破壊的スキャン」とは、背表紙を裁断したり、背表紙部分の糊《のり》を溶かしたりして、書籍をバラバラにしてしまいます。例えば、200ページの書籍であれば、バラすと表裏2ページ1枚の紙が100枚でき上がります。これをスキャナで読み込むというわけです。必要ページを開いてスキャナの読み取り部分に押し付けて1枚1枚スキャンする……という方法だと、綴じ込み部分に影が出たり、微妙にズレたりするなど、ページを開く手間も含めて、意外と面倒です。それに対して、破壊的スキャンはページ分の紙をスキャンするだけです。影の映り込みやズレなども起きません。これだけで相当な労力削減になります。しかも最近のスキャナであれば、フィーダー（コピー機などで印刷する資料を自動で送り込む装置）や両面スキャンの機能も具備しているものが多いので、「物理破壊した書籍＝ページ分の紙の束」をスキャナのフィーダーにセットするだけで、何の手間もなくまたたく間に自炊（読み込み）が完成します。

それに対して、「非破壊的スキャン」は書籍を物理破壊することなく、スキャニングする方法です。「書籍を破壊せず、一般的な家庭スキャナで行えるもの」というのが以前の認識でしたが、いまや「非破壊的スキャン」でも専用のブックスキャナや書画カメラなどを利用して、手間をかけずに高クオリティでスキャニングするサービスを提供する専門の業者もいます。

自炊代行業者は「私的複製」ではない

自炊すること、すなわち、書籍を電子的に複製すること自体に違法性はありません。私的利用の範疇であれば、書籍の所有者が複製をすることは認められています。

> （私的使用のための複製）
> 第三十条　著作権の目的となつている著作物（以下この款において単に「著作物」という。）は、個人的に又は家庭内その他これに準ずる限られた範囲内において使用すること（以下「私的使用」という。）を目的とするときは、次に掲げる場合を除き、その使用する者が複製することができる。

一方、これらを業として行う自炊代行業社による自炊代行の違法性の有無に関しては、長く議論され、グレーな運用も続けられてきました。しかし、2011年に有名作家7人が自炊代行業者を提訴した知的財産高等裁判所における裁判で、2014年10月に代行業者による自炊が著作権侵害にあたると判断されました。その後、2016年に最高裁判所で業者側の上告が受理されなかったことで、判決が確定し、代行業者による自炊は私的複製の範疇を越えた著作権侵害であると認定されました。

さらに、2016年11月に、悪質な経営をしていた自炊代行業社から著作権法違反の疑いで初めての逮捕者が出る事件が起きました。自炊代行業が民事事件ではなく、刑事事件の対象にもなったわけです。自炊したデータを自炊代行そのものとは無関係に販売していたり、過去に自炊代行をした書籍データの使い回しもしていました。さらには客から受け取った書籍を裁断・廃棄することなく古書店に転売までしていたといいます。これはさすがに悪質です。

学校の先生の「自炊」が合法化？

さて、自炊行為自体は違法ではなく、その目的が私的利用であり、使用者自身が行うのであれば問題ではありません。また、自炊代行業が違法になる要因はその逆です。すなわち（1）私的使用ではない、（2）使用者自身が自炊をしていない、という2点です。

そこで、今回の改正著作権法がいかに、ドラスティックな内容であるのか、ということを考えてみたいと思います。「教育の情報化に対応した権利制限規定等の整備」という部分に注目です。

例えば、先生が生徒や学生の予習・復習のために、許諾を得ることなく著作物の一部をスキャンし、教材を作成するとします。それをネットで不特定多数の生徒や学生に配信をした場合、①先生が自炊した教材を生徒が利用することは私的利用なのか？　②教材は先生自身が使用者なのか？　という疑問が残ります。

すでに施行されている改正著作権法ですから、そんな疑問の有無はさておき、2019年1月以降、「先生が許諾を得ることなく、著作物の一部をスキャンして制作した教材を、ネットで不特定多数の生徒や学生に配信すること」は合法です。もちろん、学校で先生が教材として利用するわけですから、悪質な利用や教育利用の範疇を逸脱するような使い方で乱用されると思いませんが（と信じていますが）、どんな形であれ、自炊の非私的な利用や、不特定多数への送信に対して、法的な正当性を与えられたことになります。

先生とはいえ聖人君子ではありませんから「教育利用」という名目で不正な自炊をしないとも限りません。よくある事件ですが、学校の先生が体罰やパワハラ的な言動で生徒や学生から傷害事件として訴えられることがあります。その際も「高いレベルを目指したがゆえに、熱意が度を過ぎた」といったいい訳をしている場面を目にします。教育という大義名分があれば、ある程度のことは許される……という「教育神話」の心理を使ったよくあるテクニックですね。「教育的自炊」でも同じようなことが起こらないとも限りません。

今後、実際の運用などを踏まえて、議論や検討が必要になってくるはずです。

「あとがき」にかえて　～進化する人工知能時代のパクリ

人工知能《AI》の創作は著作物ではない？

パクリが「技法」であり、「技術」である以上、その問題や議論の裾野は、日々拡大してゆきます。なぜなら、パクリも技術革新とともに進化してゆくからです。

例えば、人工知能《AI》に関する議論なども、パクリの分野では大きな論点の1つです。今日、人工知能の急速な発展に伴い、それが生み出す新しい問題が懸念されています（人工知能《AI》の急速な進展によって、近い将来、多くの人間の仕事が人工知能に奪われてしまうのではないか……といった懸念などはその代表例です）。同じように、パクリの分野でも人工知能の進展と普及によって、大きな、新しい問題が生まれ、新しい懸念が登場しています。

その中の代表的なものといえば「人工知能《AI》の著作権」「人工知能《AI》によるパクリ」の問題でしょう。具体的にいえば、人工知能《AI》によって生成されたコンテンツは著作権の認められる著作物なのか？　そうではないのか？　といったことに起因する議論です。

本書でも説明してきたように、著作物とは、「思想又は感情を創作的に表現したものであって、文芸、学術、美術又は音楽の範囲に属するもの」（著作権法2条1項1号）です。しかし、人工知能《AI》は開発者によってプログラムされて、知性があるかのごとく振舞っているだけで、人間のような創造性は有していません。少なくとも現段階では、「どのように振る舞わせるか」といったことは人間が指示していることであって、人工知能《AI》には思想も感情もありません。そこには「ある／ありそう」と感じさせるプログラムが存在するだけです。

その意味では、人工知能《AI》が生み出したコンテンツは著作物ではありません。つまり、著作権法によって保護される対象とはいえないわけです。

開発者あるいは利用者が、人工知能《AI》に指示命令を行うことで、何がしかのコンテンツを生み出すような場合であれば、それはあくまで人工知能《AI》というツールを利用してコンテンツをつくったにすぎません。その権利は人工知能《AI》にではなく、指示命令を考案し、人工知能《AI》プログラムを操作した人に認められるはずです。本質的には高性能なグラフィックソフトを利用してCGを制作することと同じです。

著作権なき人工知能《AI》の創作の価値

しかし、近年の人工知能《AI》研究では、次の段階、すなわち、人工知能《AI》が人間の指示命令を受けることなく、自律的に判断してコンテンツを生み出すような能力の開発も進んでいます。

　こうなると、話はちょっと複雑です。例えば、Google社が「人工知能《AI》が見る夢」をコンセプトに2015年に発表した深層学習《ディープラーニング》アルゴリズム「Deep Dream」は大きな衝撃を与えました。Deep Dreamは、ユーザーが提供した画像に対して、それをニューラルネットワークで認識・解析し、データベース上の膨大な画像パターンから、似たような部分を置き換え、ループさせることで、元画像をベースとしながらも、悪夢の中にでも登場しそうな奇妙なモンスターのごとき画像を生成する人工知能《AI》です。実際に試してみた画像がご覧ください。

右：『マンガでわかる機械学習』（オーム社刊）の表紙
左：（右）のDeep Dreamによる変換事例

　オーム社『マンガでわかる機械学習』（著・荒木雅弘、作画・渡まかな）のカバー表紙をDeep Dreamで読み込んで変換させた画像です。

　元画像の中の一部に「何かに似ている部分」があれば、それを別の画像パターンに置き換え、ループさせています。洋服のしわや影が人間の顔に見えるようなこと、ありますよね？　雲が動物や昆虫に見えたり……。そういった要素を利用して、画像の置き換えをすると、変換した図のような奇妙な「夢」がつくられるのです。もちろん、私（＝操作者）は元画像を登録しただけで、何も指示はしていません。

このような人工《A》知能《I》によってつくられたコンテンツの著作権の有無は、大きくて、新しい論点です。「著作物には該当しない人工《A》知能《I》が生み出すコンテンツ」、果たしてそれらに「著作権はない」という認識はそのままでもよいのでしょうか？　それは、社会の実情に合致しているのでしょうか？

そもそも人工《A》知能《I》の開発には多額の開発費と大きな労力が必要です。にもかかわらず、その人工《A》知能《I》プログラムが生み出すコンテンツに何らの保護も与えられないとすれば、開発者にはまったく収益ポイントがみえてこず、人工《A》知能《I》を開発するための動機は「やりがい」以外になくなってしまいます。それではただの趣味です。これは開発者のモチベーションや取り組む意義を失わせることになりかねない大きな問題です。

さらに、権利保護の対象外ということは、人工《A》知能《I》によって生み出されたコンテンツは無価値であることを意味します。人工《A》知能《I》が生み出すものは、無価値。そんな判断が一般化してしまえば、人工《A》知能《I》が生活のさまざまな場面で利活用されるようになっている今日、それはそれで大きな別の問題も生み出しそうです。ここでも法律論議を超えた検討が必要です。

どうなる？ 人工《A》知能《I》によるパクリ

もう1つ大きな問題があります。人工《A》知能《I》にパクられた場合の対処です。

例えば、先述のDeep Dreamは、ユーザーが提供した画像の一部分をデータベースに格納されている画像パターンに置き換えることで、奇妙な画像をつくり出します。このとき、置き換えに利用された人工知能《AI》が学習した画像にも権利者はいます。つまり、人工知能《AI》がネット上に公開された画像から学習をするようになれば、その許諾はどうするのか？　無許可で利用をされてしまうのか？　という問題です。

もしかすると、仮にそうであったとしても、置き換えに利用された画像データのオリジナルを探知するようなことはできないかもしれません。ただし、わからないから、バレないからといって、権利者の存在するコンテンツを勝手にパクってよいわけではありません。このとき、（パクられた側がそれを認知できるかどうかはさておき）パクられた側の権利や名誉はどうなるのでしょうか？　パクられた側が望まない利用や加工になっているケースもあるでしょう。さらに、人工知能《AI》は人間のようにパクリ元の気持ちまで忖度はしてくれません。パクリの道義的問題への対応を人工知能《AI》に期待することは不可能でしょう。

つまり、これからの社会では、人間が指示することなく、しかも悪意なく人工知能《AI》がネット上にあるコンテンツを勝手にパクってしまう、ということが日常化します。人工知能《AI》が行う創作とは基本的にはすでにあるデータベースの検索とそれらの組み合わせですから、性能がよい人工知能《AI》であればあるほど、さまざまな条件に適合したコンテンツを探し出し、組み合わせて、もっとも高評価が得られそうなモノに近づけ、結果を出すはずです。つまり、人工知能《AI》は、与えられたデータベースから最高の結果を出すために、合理的な判断のもと、自律的にパクリをしてしまうことになるわけです。その結果、優秀な人工知能《AI》であるがゆえに、価値の高いコンテンツ、パクられた側が看過できないコンテンツからパクることになります。

しかし、パクられた側は、それに対して損害賠償や裁判はできるのでしょうか？　いったい、その相手は誰なのでしょうか？　人工知能《AI》の開発者に「窃盗幇助」や「著作権侵害幇助」の責任を追求するのでしょうか？　しかし、少なくとも現在の法律では、それは殺人事件で利用された包丁を製造・販売したメーカーに「殺人幇助」の責任を求めることと変わりません。それとも、人工知能《AI》プログラムの所有者でしょうか？　指示もしていないのにもっているだけで訴えられたら、たまったものではありません。人工知能《AI》プログラムの管理監督者の責任という概念はまだありません。

もちろん、人工知能《AI》が生み出したコンテンツの権利や責任などに関する議論は、今後ますます活発になるでしょう。さまざまな事例も出てくるはずですから、法律的な議論は深まっていくはずです。今後、人工知能《AI》の創作物に対する決定的な司法判断、判例も出てくるかもしれません。しかし、そのような司法の判断と、一般社会における私たちが感じる感覚は、おそらく乖離してしまい、いわゆる法律論議だけでは重要なことは何も解決できないのではないか、と私は考えています。

さいごに

パクリの問題を法律論議にしてしまうことは簡単です。著作権法を使い、判例にもとづいて判断をすれば、必ず黒白の結果は出されます。しかし、アニメや漫画の同人誌などにおける二次創作やパロディなどを含め、その気になれば著作権侵害として追訴できるものでも、文化的な背景や市場の実態を鑑み、権利者によってその「侵害」がかなりの範囲で黙殺されているような事例は決して少なくありません。

つまり、実態として、権利者の側の判断や、現在のコンテンツ制作に対する社会認識という絶妙なバランスの中で、表現手法としての「パクリ」が存在しています。もちろん、こういうことは著作権法には書かれていません。

したがって、パクリをめぐる論点について、法律が判断できることは限定的です。トレースや模倣などのように見た目の盗用であれば判断は容易かもしれませんが、見た目を伴わないような「印象のパクリ」や、視聴後になんともいえず湧き上がってくるような「言語化できない雰囲気のパクリ」などは、法律そのものでは解釈も判断もできません。パクる側・パクられる側双方の意識・感情と理解が大きく作用します。

本書を通して筆者がいいたいのは、パクリとはインターネット時代を象徴する複雑な現象であり、コンテンツ制作のための技法であり、また社会問題でもあるということです。法律論議だけで理解できるような問題ではありません。

本書では、できる限り身近な事例とわかりやすいトピックで「パクリとは何であるのか？」について説明をしてきました。もちろん、本書で言及した以外にも多くのパクリ事例はあり、あくまでもごく一部でしかありません。手法も背景もさまざまです。

今日、「パクリ」が引き起こす問題が、単なるゴシップから社会問題へとシフトし、学術的な研究対象にまで及んでいます。私は、２０１７年度、日本学術振興会・科学研究費助成事業（科研費）の助成を受け、本書を執筆している現在、その研究代表者として研究課題「デザインにおける『パクリ』の発生要因とその抑止：『パクリ』と模倣・剽窃の差異」に取り組んでいます。おそらく「パクリ」というテーマで採択された初めての科研費助成でしょう。もちろん研究としては萌芽的で、明らかにしなければならないことは無限に存在していますが、公的資金が「パクリ」を対象とした研究に提供されたことで、「パクリ研究」が研究分野として認知され、今後、本格的な研究へと発展していく可能性を大きく感じます。

「パクリ」とはきわめて日本的な概念を伴う言葉ですから、「ＭＯＴＴＡＩＮＡＩ」や「ＯＴＡＫＵ」のように、「ＰＡＫＵＲＩ」が国際用語として認知され、多くの研究者たちから学術的な関心をもたれるようになることが、私の目下の目標です。

＊＊＊

この「あとがき」は、客員研究員として滞在中のカリフォルニア州立大学ベーカーズフィールド校（ＣＳＵＢ）で書いています。いまのところ、アメリカの学者を相手に、「ＰＡＫＵＲＩ」を「ＰＬＡＧＩＡＲＩＳＭ（盗作）」ではない概念であることを英語で表現して説明することは難しいためか、いったいこの日本人教授は何の研究をしているのか？　と怪訝な目でみられることもめずらしくありません。そんな中、私の研究を理解し、ＣＳＵＢ滞在を支援してくれているMary Slaughter 教授に心から感謝したいと思います。

また、本書のカバーイラストは、現代の浮世絵師として著名な画家ツバキアンナさんにご担当いただきました。「本書を象徴する現代の浮世絵」という無理難題に加え、数々の理不尽な注文にも快く応えていただき、インパクトのある素晴らしい装丁を実現することができました。

本書はわかりやすさを重視して初学者向けの入門書として書かれていますが、指し示しているキーワードや着眼点、論点はアカデミックな研究として取り組んでいるものとまったく違いはありません。本書が「パクリ研究」の鏑矢となることを心から願っています。

※本書はJSPS 科研費17K00730の助成を受けた研究成果の一部です。

著者しるす

〈著者略歴〉

藤 本 貴 之（ふじもと たかゆき）

東洋大学 総合情報学部・教授、メディア学者、博士（学術）。

1976年生まれ。専門は情報デザイン論、メディア構造論、ネット炎上の分析と技術など。最先端のメディア研究の知見から、企業や自治体を対象とした情報発信戦略などの実践的プロジェクトなども幅広く手掛ける。

2017年から、日本で初めてとなる「パクリ」をテーマとした日本学術振興会・科学研究費助成事業（科研費）からの研究助成を受け、その研究代表者も務める。

主な著書に『情報デザインの想像力—イメージの史学—』（現代数学社）、『DeNAと万引きメディアの大罪（共著）』（宝島社）、『だからデザイナーは炎上する』（中公新書ラクレ）など。

（財）日本グラフィックデザイナー協会・正会員。合同会社 藤本情報デザイン事務所・執行役員クリエイティブディレクター、北陸先端科学技術大学院大学・教育連携客員教授、カリフォルニア州立大学ベーカーズフィールド校（CSUB）・Visiting Scholarなどを併任。

パクリの技法

2019年2月15日　第1版第1刷発行
2020年5月10日　第1版第3刷発行

著　者　藤本貴之
発行者　村上和夫
発行所　株式会社オーム社
郵便番号　101-8460
東京都千代田区神田錦町3-1
電話　03(3233)0641(代表)
URL https://www.ohmsha.co.jp/

組版　中央制作社　印刷・製本　図書印刷
ISBN978-4-274-22338-9　Printed in Japan